Outer Order,
Inner Calm

Declutter and Organize to
Make More Room for Happiness

秩序给我
自由

[美]
格雷琴·鲁宾（Gretchen Rubin） 著
杨银玲 译

中信出版集团｜北京

图书在版编目（CIP）数据

秩序给我自由 /（美）格雷琴·鲁宾著；杨银玲译
. -- 北京：中信出版社，2020.9
书名原文：Outer Order, Inner Calm: Declutter
and Organize to Make More Room for Happiness
ISBN 978-7-5217-2107-2

Ⅰ.①秩… Ⅱ.①格…②杨… Ⅲ.①成功心理—通
俗读物 Ⅳ.①B848.4-49

中国版本图书馆CIP数据核字（2020）第162639号

秩序给我自由

著　　者：[美]格蕾琴·鲁宾
译　　者：杨银玲
插　　画：吴　希
出版发行：中信出版集团股份有限公司
　　　　　（北京市朝阳区惠新东街甲4号富盛大厦2座　邮编　100029）
承 印 者：天津市仁浩印刷有限公司

开　　本：880mm×1230mm　1/32　　印　张：6.25　字　数：50千字
版　　次：2020年9月第1版　　　　　印　次：2020年9月第1次印刷
京权图字：01-2020-4085
书　　号：ISBN 978-7-5217-2107-2
定　　价：58.00元

致我亲爱的

读者

听众

观众

秩序
是
天理。

——

亚历山大·蒲柏（Alexander Pope）

目 录　　　　　CONTENT

为什么要费心建立外在的秩序？

通过对幸福的研究，
我发现对绝大多数人而言，
外在的秩序有助于实现内心的平静，给人更多的自由。

外在秩序的作用非常大。

如果生活很幸福，那么对你而言，整理凌乱的桌面或者乱七八糟的衣橱，就是小事一桩。然而，如果能够把这样的小事做好，我们就会觉得自己的生活更加幸福。

如果身处在乱糟糟的环境中，我就会感到烦躁不安、无所适从。然而一旦收拾利索，我马上就会满血复活、精神抖擞。如果能马上找到钥匙，就更是如此了，对此我自己也感到无比惊讶。一位朋友曾经对我说："我终于把冰箱清理出来了。现在我知道自己能够换份工作了。"我明白她的意思。

处理掉那些不用的、不需要的、自己不喜欢的东西，或者处理掉损坏的、不合适的东西，既能节省空间，又能放空大脑，这样我们就能够腾出更多的空间放置或者记住对自己重要的东西。这一点适用于大多数人。

通常，当周围环境悄无声息地变得混乱时，我会觉得自己无法抽出时间去应付这种状况。我很忙，根本没时间理会这些。但是我也明白，管理好个人物品，有利于改善情绪状态、增进身体健康、激发大脑活力，甚至会促进社交生活。

现在，无论多忙，我都会逼自己每天至少花几分钟时间来收拾、整理一下。哪怕马上要交的稿子压得我喘不过气来，我也会拿出 20 分钟的时间收拾一下办公室，因为整理文件能让我头脑清醒。

我还发现，这种习惯一旦开始，坚持下来就比较容易了。诚然，有些人觉得在新年、春天伊始或者劳动节前夕进行大扫除比较吉利，但是，当下也永远是开始整理的最佳时机。一位朋友告诉我："一天早上醒来后，我心血来潮，决定收拾一下地下室。周日一整天我都在忙这个，干得热火朝天，恨不得一直干到天亮。周一早上我起得很早，就为了坐在那里欣赏自己的劳动成果。在难熬的一周开始前，这次大扫除让我精神抖擞。"

我们一方面舍不得放手拥有的东西，但另一方面也不想受其羁绊。比如，我虽然很想保留孩子们喜欢过的每一个玩具，但同时也希望家里有足够的空间。

建立外在秩序，能让我们在两者之间取得平衡。

外在秩序能够帮你做到以下 9 点：

1

外在秩序有助于节省时间、金钱、空间，让你保持更多的精力和耐心。

每天，我都可以生活得有条不紊，不用浪费时间找东西，不用费力去收拾东西，也不用跑出去再买一个自己已有的类似的东西。打扫卫生也变得更容易。生活不再那么令人沮丧、那么匆匆忙忙、那么局促不安，我也不用把生命浪费在一些琐事和无谓的烦恼上。

2

外在秩序有助于促进人际关系更加和谐。

我跟人唠叨或者与人争论的时间变少了，也不用再问那些无聊的问题，比如"我的护照呢?""我的爽肤水呢?""谁把屋里搞得一团糟?""那个东西跑哪儿了?"，等等。

3

外在秩序有助于平复人的内心。

我感受到了真正的放松，因为手忙脚乱处理杂物的压力不见了。一旦没有了视觉上的干扰，我的注意力会更集中，头脑也会更清晰，安排事务也会更从容，创造力也会更丰富。家和办公室不应是压力的来源，而是让人感到舒适和精力充沛的地方，因为我们能毫不费力地看到或者找到每一样东西。这种感觉令人沉醉。我有足够的空间来放置自己重视的每一样东西。一个人的身体体验会影响情感体验，因此，当置身于井然有序的环境时，我们的内心也会更加平静。

4

外在秩序有助于减少内疚感。

我对自己从未用过的东西和从未完成的项目会感到内疚。当我充分利用了自己已经拥有的东西时，我便不会去买更多。我想自己在百年之后不必给后人留下太多负担来处理我的杂物。

5

外在秩序有助于让自己树立一个更为积极的形象。

建立自己的秩序让我觉得更自制、更自信、更有能力。一旦清理了自己不需要的、不常使用的或者不喜欢的东西，周围最为重要的东西也就显现出来了——不但我能

看到，其他人也能看到。精心整理后的空间和东西反映了
最真实的自我。

6

外在秩序有助于消除我担心被他人评判的恐惧。

我变得更加好客，因为我可以邀请朋友来我家，而
且不用花几个小时做准备工作。我并不担心会有不速之客
或紧急维修人员上门。我乐于向别人展示我的空间。

7

外在秩序有助于反映我现在的生活。

因为处理了那些曾经在我的生活中发挥积极作用的
东西，我便有更多的时间去做当下重要的事情。家里不再
有孩子们小时候玩的大型玩具，书架上不再堆满一排排厚
厚的法律书籍。虽然我也保留了过去一些珍贵的纪念品，
但大部分空间都用来放置当下重要的东西。

8

外在秩序让人感到一切皆有可能。

太多的东西堆积在一起会让我崩溃。当无法摆脱这种乱糟糟的局面时，我就好像被困住了一样。将这些乱七八糟的东西断舍离后，我对未来也有了更多的选择：应该买什么，应该做什么，应该在哪里生活，应该如何生活——因为不再受身外之物的束缚，我感觉自己重生了。

9

外在秩序让人目标更明确。

我知道自己拥有什么，为什么拥有它，以及它属于哪里。我充分利用自己拥有的一切，不会随心所欲，不会犹豫不决，也不会做出常规选择。身边的东西都有其存在价值，供我随时使用。

周围的空间会塑造我们的思想，身外之物会改变我们的情绪。虽然环境和周围的物件很难直接影响我们的思想和行为，但是我们可以通过改变周围环境来改善自己的精神状态。

我们的思想依赖于个人的感官经验，因此感官的愉悦会让我们精神抖擞。

在思考混乱对我自身幸福感的影响和流行文化中人们对这个主题的热情时，我惊讶地发现，目前竟然没有关于这方面较为完整的调查研究。现有的研究大都倾向于回答诸如这样的问题："有条理或者一团糟哪个更好？"在我看来，答案似乎很明显：这得视情况而定，因为我们都对"更好"有不同的定义。

我们必须用适合自己的方式面对混乱。值得珍视的东西、令我们感到愉悦的环境、与生俱来的习惯、家庭或者工作场所的变化——对于这些情况我们都有自己不同的看法。要创造更美好的生活，没有所谓"正确"或者"最好"的办法。

事实上，我们应该建立能让自己倍感幸福的外在秩序。而铺床、整理文件、清空收件箱这些事本身都毫无魔力，只有当我们从中感受到更多的幸福时，这些努力才有意义。当你能够轻松找到所需之物，在自己的空间中感觉良好，并且不受身外之物所累时，这才算达到了正确的秩序水平。对于有些人来说，看起来一团糟的状况也很合适。

既然如此，为什么很多专家坚称他们已经找到了所谓"正确"的办法？这其实是人的天性——寻求建议时，我们都想得到一个精确的、标准化的成功模板；给出建议时，我们又坚持认为对自己很有效的策略一定会对其他人奏效。但是，每一个人都需要找到属于自己的方式。

有些人想每天清理一点儿杂物，有些人想每天工作14个小时，有些人与买得太多做斗争，有些人（比如我）在与买得太少做斗争。有些人对财物有着强烈的依恋，有些人对财物则没有太多的感觉。有些人非常小心地管理自己的财物，有些人却很少考虑自己需要买什么和东西应该放在哪里。有些人深受极简主义承诺的吸引，有些人则不以为然。

尽管如此，虽然每个人都可能用不同的方式定义和实现外在秩序，但很明显，对于大多数人来说，外在秩序确实有助于实现内心平静，感受到更多的自由。

有人问我："想想这个世界上的诸多问题，把时间、精力、金钱或担心放在处理杂乱的环境上，是不是既肤浅又愚蠢？"我们可能对世界上的各种问题深感担忧，而且我们的担忧也是有道理的。然而，建立外在秩序，是我们现在单凭自己的力量就可以做到的，而且做到这一点有助于保持内心平静。这不是徒劳的努力或自私的表现，因为这种平静有助于我们更加有效地解决各种世界问题。

本书列举了建立外在秩序的5个步骤。第一，我们要做出选择——应该保留哪些东西以及如何使用它们；第二，清理完杂物后，对于原来被忽视的地方，我们通过规划、修理和处理来建立新秩序；第三，反思自己，了解自己和他人，以便换位思考；第四，清理之后，养成保持整洁有序的好习惯，这样杂乱的场景就不会再现；第五，也是最后一步，为生活增添美感，使我们的环境更加整洁和舒适。

这5个步骤包含关于如何建立外在秩序的很多建议。不同的方法适用于不同的人，读者可以自行采纳那些能引起共鸣的方法，忽略那些不适合自己的方法。当根据自己的特殊挑战和习惯来选择方法时，我们便更有可能建立起自己想要的秩序。这不是一本关于如何打扫房子或办公室的书，而是一本关于如何通过建立外在秩序、实现内心平静，从而提高幸福感的书。

在日常生活中，我们不需要花费太多的时间、精力或者金钱，就可以逐步地建立一个有序的环境，过上更快乐、更健康、更高效、更有创造力的生活。

无论你何时读到这本书，无论你身在何处，你都可以随时开启有序的生活。

01
CHAPTER

做出选择

如果你想要一条普世的金科玉律，那
就是：在你的房间里，不要留有无用
之物，或是不美丽的东西。

——威廉·莫里斯（William Morris）

清理杂物是一个很大的挑战。
为什么？
原因之一是，这个过程要求我们做出艰难的选择，我们要选择物品的去留并给出理由。

通常，为了做出这些选择，我们必须先面对积累杂物的原因。下面这些解释听起来是不是都很熟悉？

- 这个东西很有用，将来我肯定会用到它。

- 这个东西我能修好或者改装好。

- 人生太短，我不能把时间浪费在处理杂物上。

- 这是一件礼物，出于对赠予者的尊重，我得保留它。

- 先放一边吧，总有一天这个东西会成为收藏品。

- 我小时候从未有过这种东西，所以长大后想再拥有它。
- 我保留的东西越多，将来留给家人的东西就越多。
- 这个东西让我想起了我爱的人。
- 如果我现在就做这件事（铺床或洗碗），那么明天我还得再干一遍。
- 周围这些物品让我更有创意。
- 除非身边的每一个人都同意处理这件东西，否则我就无法处理它。
- 未来某一天，我可能会需要这个东西。
- 我没有合适的地方放置这个东西。
- 等有时间了，我会用它做出一个酷酷的新玩意儿。
- 翻看这些物品让我很激动，我现在应对不了这些情绪。
- 我认识的人都有，所以我也得有一个。
- 我没有时间或者精力来考虑如何处理杂物。

- 如果把它处理掉，我的家（办公室）会显得空荡荡、死气沉沉的。
- 这个东西陪伴了我很久，我现在割舍不了了。
- 我忘了有这个东西！我甚至没有意识到它还在那里。
- 如果把这个东西扔了，它会感到孤独或者被遗弃。
- 一旦生活发生重大改变，我肯定会用到它。我会养只小狗，我会减肥 30 磅[1]，我会组建一个乐队。
- 我不知道把它放在何处，就恰好放在这里了。
- 它必须放在我能看得见的地方，这样我才能记得处理。

做出决定确实让人筋疲力尽，然而，建立自己的秩序关键的第一步就是弄清楚东西的去留。

---

[1] 磅，英美制重量单位，1 磅约合 0.45 千克。——编者注

　　需要处理的杂物越少，就越容易建立秩序，因此将东西分类是值得的。与此同时，我们需要记住，建立秩序不仅在于拥有物品的数量，而且涉及我们为何想要保留已有物品的问题。

　　请做出选择。

做好准备

　　整理杂物让人筋疲力尽，因为我们需要做出选择。做出选择并不容易，既要耗费脑力，又要耗费情感。

　　因此，当你休息充分、吃饱喝足、不急不躁且头脑清醒时，你去整理杂物会更容易（人生中的其他事情也是一样）。

　　清理杂物时，你可能需要找个小伙伴——帮你做决定，帮你干整理、搬运、打包和扔东西等苦差事。

　　同时，适当准备一些物品会让清理杂物变得更容易。塑料袋、垃圾袋、标签、储物箱、回收箱、塑料手套、清洁用品、梯子、手电筒、永久性记号笔、剪刀、盒子、打包带、碎纸机、马尼拉文件夹、纸和笔……这些东西都可能会派上用场。

思考关于杂物的
三大问题

当想要决定某个东西的命运时，问自己 3 个问题：

- 我需要它吗？
- 我喜爱它吗？
- 我会使用它吗？

有时候，你会使用自己并不喜爱的东西，或者某件物品你 5 年才用过一次，这也说明你需要它。或者，你会喜欢某个从来没用过的东西。这些都没有关系——你不能仅仅因为某件物品没有得到使用就认为它是无用的。

但是，如果一件物品，你不需要、不喜爱或者不使用，那么你可能就该扔掉它了。

如果你会使用它，那么再问自己一个问题：

- 我要把它放在哪里？

每件物品都应该有一个特定的"家"。

永远不要给任何东西 贴上"杂物"的标签

同样，也不要使用"杂物"的同义词。我曾经建了一个"常用文件夹"，但是之后根本就没有再打开过。

确定受益人

如果有人能充分利用我们不需要的东西，我们就会比较容易地舍弃它们。所以，我们需要找出能从我们不需要的东西中获益的人和组织。

一旦确定了受益人，你就会发现清理杂物很容易。

- 接受玩具的组织
- 接收书籍的组织
- 接受衣物的组织
- 接受包装完好的食品的救济处
- 可以安全处理未使用的处方药的药店
- 需要儿童家具的年轻家庭
- 喜欢洋娃娃和动物玩偶的孩子

我家有一大堆闲置的棋盘游戏。有一天我突发奇想，问女儿的夏令营负责人是否愿意要它们。营地负责人很高兴，因为这些东西可供孩子们在下雨的时候打发时间。

我也很高兴，因为这些东西竟能派上用场。

及时捐赠

如果我们不能很好地利用自己的物品，就应该及时地把这些东西捐赠给需要的人。

然而，等待捐赠的东西很快就会堆积起来，成为杂物。因此，要想个办法，及时把这些东西搬出去；否则，这些箱子和袋子可能会一直堆在临时存放处，甚至堆放数月。

问问自己："我需要这么多吗？"

清理杂物时，如果发现同样的东西有好几个，问问自己："我需要不止一个吗？"

　　虽然多一个充电器或者一把剪刀是有用的，但是一张桌上可能不需要放两个或者三个笔筒。

　　奇怪的是，同样的物品，当你拥有不止一个时，找起来会更麻烦些。当我只有一副太阳镜时，我总能找到它。当我有好几副太阳镜时，我反倒一副都找不到了。

纪念品收藏要仔细，如果可能，请收藏小纪念品

　　我坚信人会出于情感上的需求而收藏东西。每每看到纪念品，回忆起从前的快乐时光，我们总会感到非常幸福。但是，认真思考纪念品的去留也是很重要的。

　　比如，你中学时穿过的毛衫，能不能不留 5 件而只留一件？或者给它们拍照留念就好？祖父用过的桌子，能不能换成他的烟斗以作为纪念？儿子在学前班时画的手指画，能不能从中挑出他最喜欢的装裱起来，然后把剩下的都扔掉？

　　工作场所也是如此。你的办公桌上很容易就堆满了小饰品、纪念品和照片。这些东西没什么用处，却很占空间。

　　整理很重要。通常（也许有些矛盾）数量少的纪念品与数量多的纪念品相比，前者能让我们拥有更多的回忆，因为数量少的纪念品都是经过精心挑选的，单从数量上看我们就不会受其所累。

挑选一些真正特别的东西，然后把其他的都清理掉。想办法留住记忆，而不是留下堆积如山的物件。

哦！废旧物！旧信件、旧衣服、旧物件，都是人们不想扔掉的。大自然非常清楚地知道，她必须每年更换她的叶子，她的花朵，她的果实和她的蔬菜，并从这一年的纪念品中制造肥料！

——

儒勒·列那尔（Jules Renard）

当心"易买难用"的陷阱

有些东西买起来容易，买完后也令人满意，但使用起来却很难。

一些小工具、烹饪书籍、电子产品、运动器材……

这些东西如果能够得到合理使用，的确很吸引人。但若要合理使用它们，我们通常需要付出很多努力。

真的要弄明白如何安装那台时髦的新设备吗？真的要开一场只用亚麻餐巾的派对吗？真的要用跑步机吗？真的会经常用漂亮的信纸写信吗？

买东西时要记住，虽然有些东西买起来容易，但前提是我们必须使用它们。否则，它们不仅不会改善我们的生活，而且会给我们带来内疚感和杂乱感。

运用科技清除杂乱

我们常常会保留那些已经被科技取代的东西。

比如，你是会看电子设备或家用电器的纸质说明书，还是会上网查阅相关信息？

即使你不再看那些旧书、DVD 光盘或者 CD 光盘了，你是否还会保留着它们？

即使你从未收发过传真，你是不是还保留着传真机？

　　也许你仍需要闹钟、计算器、扫描仪、字典、词典、礼仪指南手册、地图或复印机，但你可以利用科技手段来满足各种需求，从而不再需要保存以上这些物品。

　　一件物品，如果有了新款，你就不要保留旧款了。比如，如果你每天都用胶囊咖啡机煮咖啡，那么你就不需要旧式法压壶了。

　　除非你真的会用这些东西，否则就没有必要再保留它们（尽管不拥有一本纸质字典的确是一件无法想象的事）。

不要追求极简主义

　　建立秩序不在于拥有的物品的数量，而在于我们是否真的想要自己所拥有的物品。

　　对于一些人来说，一切从简会让他们感到更自由、更快乐。这绝对是真实的，但一切从简并不适用于所有人。

宣称"拥有更多（或更少）会让我们更快乐"，就好比说"每部电影的时长都应该是 120 分钟"一样。每部电影都有其适合的时长，正如每个人拥有的物品的数量和类型也不相同。尽管不同，但我们可以完全投入其中。有人会对只摆放一只花瓶的空架子很满意，有人则喜欢书架上摆满书、照片和纪念品。我们必须决定什么样的秩序对自己来说是更适合的。

与其在拥有的数量上无比纠结，不如考虑一下扔掉那些多余的东西。即使是喜欢拥有很多东西的人，当清理完自己不需要、不使用或不喜欢的东西后，也会更加喜欢利索、整洁的环境。

盘点一下衣柜里的衣物清单

盘点一下衣橱里的衣物。每拿出一件衣服时，问一问：

- 它现在合身吗？
- 你经常穿它吗？
- 你喜欢它吗？如果不喜欢，那么它真的实用吗？
- 虽然你很喜欢它，但它的版型已经不适合你了，你应该把它处理掉吗？
- 你有多少件可以互相替代的衣物？如果你有 5 条卡其布裤子，那么你不太可能穿其中最不喜欢的那两条。

- 这件衣服穿着是不是有些不舒服呢？

- 这件衣服你是不是都没穿过 5 次？它挺别
  致，值得保留，即使你几乎从未穿过它。

- 你担心这件衣服过时了？如果你认为它过时
  了，那么它很有可能真的过时了。

- 你穿这件衣服的机会有限吗？例如你有一件
  有污渍的衬衫，只能穿在毛衣里面；或是有
  一双从来不穿的鞋子。

- 如果你保留一件衣服，仅仅因为它是一件礼
  物，那么送礼物的人知道你还留着它吗？如
  果你是为了表示自己还保留着这个礼物而穿
  戴它，就更没必要留着它了。

- 这件衣服能和你现有的其他衣服搭配吗？或
  者你还需要买新衣服来搭配它吗？

- 你留着这件衣服，仅仅是为了表示你有这类
  衣物吗？如果你从来不穿某件衣服，那你就
  不需要它。如果你讨厌穿高领毛衣，那你根
  本就不需要高领毛衣。

- 这件衣服是否为了满足一种不再存在的需求？要承认这一点很难，所以你要逼迫自己直面这个问题。

- 这件衣服需要改一改吗？如果是，那就改一改，或者直接扔掉。

- 你会用"我会穿它的"或"我穿过它"来描述一件衣服吗？这些话表明你实际上并不会穿它。

- 你不断更新的衣橱里是否一直留有一些衣服？你要么是出于感情原因，要么是为了参加化装舞会才留着它们。如果是这样，请把这些衣服放在一边。你需要精挑细选，只保留真正值得保留的衣物。

- 一件心爱的衣服虽然令你爱不释手，但它是不是已经很旧了呢？你可以把它从正式场合"降级"到非正式场合穿戴。一件毛衣，如果不再适合外出就餐时穿，那么可以作为家居服穿。

生活及其表象确实是贫瘠的；

因此，让我们谨慎地去伪存真。

——

塞缪尔·约翰逊（Samuel Johnson）

用照片来判断杂乱

无论在家里还是在工作中，如果你不知道如何着手清理，试着拍张照片，通过观察照片来决定从哪里开始。

照片能帮助我们用全新的眼光去审视空间。它能改变我们的视角，给人一种超然的感觉，帮助我们决定哪些东西应该留下，哪些东西需要舍弃。

如果有人反对清理某个地方的杂物，你就可以给他看看这里的照片。这个地方可能让他感觉很舒服，但通过相机的客观视角，他会认识到此处确实需要清理。

　　清理完毕后，你要再次拍照，这样就可以与之前的照片进行对比。看到照片里的清理成果，你会觉得很有成就感。

小心"某一天，某个人"的理由

　　有时候，我们之所以保留某件物品，是因为我们认为"某一天，某个人会需要它"。

问问自己：某一天，某个人需要这件物品的可能性有多大？

在家里，如果某样东西有非常具体的用途，但它已破旧不堪、过时了，而且体积大，需要特殊的装饰环境，甚至需要长期保养，那么即便它有情感价值，你也不会再使用。总有一天，有人会扔掉那个巨大的水族箱、四帷柱大床、损坏的自行车、动物毛绒玩具或 10 年前的面包机。

在工作中，如果某个东西已经过时（例如两个季度前的目录册、去年的台历、过时的名片），或者已经破损，或者属于某个已经离职的人，那么未来某一天有人需要它的可能性几乎为零。

保护主要的不动产

当我们建立自己的秩序时，考虑不动产的价值是很重要的。

例如，一张桌子是珍贵的不动产。对放在桌面上的东西，以及放在所有架子上、抽屉里或橱柜里的东西，你都要精挑细选。一本书，除非你每天都看，否则不要把它放在书桌上。你如果有 3 支自己所钟爱的品牌的钢笔，那么不要把它们都放在最上面的抽屉里。

有些人发现，把东西摆放到意想不到的地方，会激发他们的创造力；而有些人能从桌上的一堆东西中准确地找到自己所需之物。但即便如此，把最有用的东西放在最顺手拿取的地方，工作也会更高效。

把杂物搬离原来的地方

一些杂物在一个地方放置的时间长了，我们就很难想到还能把它们放在哪里。

因此，请把杂物移动到一个新环境中。把它们收拾起来，放到盒子里，再把盒子放到一个井然有序的房间里。一旦你把这些东西从原来的地方搬离，再处理它们就容易得多了。

大多数决定不需要广泛的研究

很多时候，我们不需要做出完美的选择，只需要做出足够好的选择。

三"问"出局

我父亲曾说："人们都不愿意做出改变，所以当我开始考虑是时候换工作了，我就意识到自己在 6 个月前就该这么做了。"

同样的道理，人们也不愿意放弃自己的财物，所以当你认为该扔掉某个东西了，你可能早就该这么做了，尤其是当你不止一次有这种想法的时候。

现在，如果我有 3 次这样的想法——"我不知道我是否应该扔掉它"，那么我就会马上扔掉它。

所以，你应该把那个形似旧书的破纸巾盒扔掉还是留着？

你应该把那些旧的信用卡对账单撕碎还是留着？

你应该把那些玻璃花瓶捐出去还是留着？

如果同一个问题问过 3 次，直接扔掉就好。

问问自己："我最后一次使用 这个东西是什么时候？"

有些东西即使你很少使用，也值得保存。比如，望远镜、雪橇、一套合身的正装、一盒火柴、烤饼干用的吸油纸、开罐器，以及旅行用的电源适配器。

但是，很多东西要么是你经常用的，要么是你根本不用的。比如，那个白噪声^①音响、装零钱的小罐、电动牙刷，你要么经常使用，要么从来都不用。

如果不用，请把它们送给将会使用的人。

---

① 白噪声是指一段声音中频率分量的功率在整个可听范围（0 ~ 20 KHZ）内都是均匀的，它有助于睡眠、减压以及配置音响设备，用途广泛。——编者注

当心禀赋效应

你在接受某样免费的东西或充分利用某样东西之前，先问问自己："我真的需要它吗？我喜欢它吗？"

请记住，由于禀赋效应，我们一旦拥有某样东西，就会更加珍惜它。一旦这件东西进入你家，你就很难再舍弃它了。

马克杯、别人给的旧玩具、婆婆送的台灯……如果你不需要这些东西，就不要拿回家。如果你从来没有拥有过它们，也就不必保存它们。擦掉灰尘，想想如何把它们送给别人。

清理杂物时，应对禀赋效应的一种方法是问问自己："如果我没有拥有这些东西，我会买它们吗？"

如果不会，那你为何还要保留呢？

放弃某个任务

家里杂乱的来源之一，也是消耗你的精力的重要原因之一，就是那些令人忧心的、尚未完成的任务。

每当我们看到尚未完成的任务，就会感到一阵恼怒或内疚："我应该完成它！我需要处理它！我什么时候才能有时间完成它？！"

这些恼人的任务各种各样，如针织练习、园艺计划、拼乐高积木、尝试写满了新配方的菜谱、整理木工工具及玩巨型拼图等。

未完成的任务本身就很恼人，而且它们还会造成混乱，因为我们经常把它们放在显眼处，以便提醒自己早点完成。

面对这种情况，你可以督促自己把未完成的任务做完，或者直接放弃——完成一个任务最简单的方法就是放弃它。把这些东西从架子上拿走，让自己问心无愧。

前男友法则

如果你不能决定是否保留一件衣服，可以问问自己：

"如果我穿着这件衣服在街上碰到前男友，我会开心吗？"
通常，这个问题会帮你更好地做出决定。

小心"持续时间效应"

我在生活中注意到一个与禀赋效应相关的现象，我叫它"持续时间效应"。

一件物品，我们拥有的时间越长，就会越发觉得它珍贵，即使我们从未特别重视过它。

我有一把外观丑陋、设计糟糕的剪刀，但它是我丈夫的高中毕业礼物，我现在该怎么把它处理掉呢？

这种现象在处理跟孩子相关的物品时最易出现。我的女儿从来不玩那套瓷器茶具，可是我已经保留了15年，又怎么能把它送人呢？

由于"持续时间效应"，我会把不想要的东西尽快处理掉。保留的时间越长，我就越发难以舍弃。

小心会议纪念品、办公室 赠品和促销赠品

有一次，我参加了一个会议，收到了一个印有会议标志的马克杯、一件 T 恤、一个不锈钢水杯、一个笔记本和一支钢笔，还有一块奶牛形状的橡皮。但是，如果我没有明确的计划来使用这些东西，它们就是一堆杂物。

处理杂物最好的方法，就是从一开始便拒绝接受免费的东西，因为整理这些东西会耗费你大量的时间和精力，而且会占用很大的空间。

预测未来

想象一下，在遥远的将来，你的亲友来打扫你的房子。他们会把哪些东西留下？把哪些东西捐赠？把哪些东西扔掉？把哪些东西回收利用？你可以从现在开始处理你的物品，让以后的清理工作变得更容易，而不是拖到将

来等亲友来清理。

问问自己："这个东西
在被使用吗？"

很多东西，如果使用得当，是不会被束之高阁的。你将衣服从抽屉里拿出来穿，脏了送去洗衣房，洗干净再放回抽屉；你将书在屋子里到处流通；你将盘子从橱柜里拿出来用，脏了后再洗干净……这些东西，如果长时间放在某个地方不用，就意味着它们可能是杂物。

你有没有整个房间、整间壁橱、整个文件柜或整组架子，里面的东西经年累月地一动不动？这些地方让人感到呆板，毫无生机。如果里面的东西你常年不用，那么它们就应该被清理了。

不要整理，要扔掉

当你面对着一张堆满文件的桌子、一个塞满衣服的衣柜，或是一个随意堆满东西的工作台时，不要对自己说："我需要整理一下。"不！

你的第一反应应该是把这些东西全扔掉。如果没有这些东西，你就不需要整理了。

小心"保存"东西

对于某些东西，如节日装饰品、季节性服装、度假装备，保存它们是有意义的。先把这些东西收起来，需要的时候再拿出来用。

但在很多情况下，保存一件物品只是推迟了处理它的日子。"收集和忽视"是很诱人的，你会把杂物扔进阁楼或地下室，而非确定是否要扔掉它们，是否要进行回收，如何回收，以及是否要把它们送人。据美国能源部估计，25% 拥有两个车库的人并不会把车停在车库里，因为那里是用来存放杂物的。

从长远来看，如果你不怎么"保存"东西，你将会更加快乐。准备保存某样东西之前，可以先问问自己："我为什么要保存它?"

扔掉不必要的文件

文件是最难清理的杂物之一。处理旧文件不如清理壁橱或抽屉那样爽快，而且更容易引发我们的焦虑。

若要决定旧文件的去留，你可以问问自己如下问题：

- 你真的需要这份文件或收据吗？它有什么特殊用途呢？
- 你用过它吗？
- 它们的替代品是否容易找到？实际上，除了旧信件和日记之类的东西，大多数文件都能找到替代品。

- 它会像旅游或购物信息一样很快过时吗?

- 互联网的应用是否意味着你不再需要它了? 例如, 大多数电器的说明书都可以在线查阅。

- 如果你确实需要它, 却找不到它, 结果会怎样?

- 它是不是曾经很重要, 但跟你现在的生活并没有关联了?

- 你是否可以扫描保存呢? 这样未来需要时可以使用复印件。

- 在工作中, 其他同事是否有文件备份呢?

- 你验证过这些假设吗? 例如, 你接手了现在的工作, 同事告诉你:"我总是保存着这些收据。"所以你认为自己也需要保存它们。也许你并不需要。

对时间最大的浪费就是做好原来根本不需要做的事情

有一天，我收到了一位老师的邮件，她抱怨自己耗费了太多的时间用碎纸机去处理旧教案和以前学生的论文。

为什么这些资料需要粉碎呢？

我妹妹积攒了一大堆报表和收据。她想买一个文件盒，把这些资料归整得整整齐齐。但她又意识到，她以前从来没用过这些文件，即便需要，也可以找到复印件。于是，她就把它们全扔了。

这样，她就根本不需要整理这些文件了。

假装搬家

搬家是清理杂物的大好时机。通常，当我们必须耐着性子打包时，我们就会意识到自己并不需要它们了。

　　所以，你可以假装自己要搬家。在房间里转转，看看你有什么物件，然后问自己："如果搬家，我会费心费力地用气泡膜打包，再把它装进箱子吗？我会扔掉它或送人吗？"你可能会决定不要那个破旧的游戏卡、孩子儿时做的巨大的玩具，或者只用过一次的电饭锅。

　　因此，你现在就可以把这些东西扔掉、回收利用或者捐赠出去，让你的家变得更美好。

在搬家前而非搬家后
清理杂物

　　搬家是一项既繁重又忙碌的工作，而且很容易让我们产生这样的想法："我把所有的东西都打包，然后到新家再整理。"

　　试着在搬家之前分类整理吧。首先，这样可以节省搬家费用，不用花钱搬那些最终要扔掉或送人的东西；其次，你也想让新家里只有自己真正需要、真正使用或想要的东西。不要把没用的或不想要的东西搬进来，即使是暂时的也不行。

拿不定主意时，将杂物扔掉、回收，或者送人。

摆脱杂乱无章

有时，混乱是由不确定造成的。比如，一个玩具坏了，但也许它只是需要换个新电池；那个贴标机可能有点儿问题，但也许是因为你没有摁对按钮；这张 CD 可能彻底被刮坏了，但如果你把划痕擦去，它也许还能播放；你没有再读那本小说，是因为你不喜欢它的内容，还是仅仅因为你把它放错地方了呢？

采取必要的步骤来决定杂物的去留，摆脱杂乱无章。

面对看不见的深层杂乱

杂乱可以分为"看得见的杂乱"和"看不见的杂乱"。

看不见的深层杂乱很容易被忽视——乍一看，物品摆放整齐有序，每样东西看起来都没有问题。但事实上，这些东西之所以是杂物，是因为它们没有被主人使用、需要或喜爱。

很长一段时间，我一直珍藏着一个大笔记本，笔记本里面是塑料夹页，装着名片。塑料夹页的大小跟名片很契合，笔记本放在书架上也很合适，一直以来我都很满意。

后来有一天，我意识到自己近两年都没有翻看过笔记本里的任何一张名片，可见，这个笔记本和这些名片就是杂物。于是我把名片清理出来，把笔记本送人了。

在清理了生活中那些表面上看得见的、令人讨厌的杂乱之后，我们就可以转而关注那些压在我们身上的、看不见的深层杂乱了。

清理所有外部的储物柜

一旦你专门在家以外的地方存放东西，这些东西就会很容易被忘记。而且你得花钱存放，需要月月付费。

你还记得外面的储物柜里存放的是什么吗？

去看看那些储物柜，果断做出决定。如果你从来都不需要或不想要这些东西，为什么还要留着它们呢？

不买东西以减少浪费

许多人在清理杂物上有困难，因为他们讨厌给这个世界增加更多的垃圾。可是，一旦我们拥有了某样东西，它就已经存在了，不管是在地下室还是在垃圾场。

对你来说，如果这是问题所在（或者这不是问题所在），你就要减少购物，以减少浪费。

不要把杂物
强加给别人

对有些人而言，扔掉东西可能是一件很困难的事情。有没有更好的办法？比如，把自己不要的东西送给别人。

有时候，我们会强迫别人接受自己的东西，以此缓解自己的坏情绪。我们会感到内疚，因为我们把钱花在了从未用过的东西上，或是想把完全可用的旧物换成新款。为了逃避这种浪费导致的罪恶感，我们会把自己的东西推给别人，但别人未必真的需要它们。我们用慷慨来掩饰自己的真正动机。

我会告诉自己："我从来没有穿过这件衬衫，但我要把它给我女儿，她应该可以穿。"或是："我从来不知道如何使用这个大浅盘，所以要把它送给我妹妹。"如果这些接受者真的想要这些东西，那当然很好，但我们不应该强迫对方接受自己想扔掉的东西，只是为了让自己的良心免遭谴责。

他们总是说时间会改变一切，但事实上你得自己去改变。

———

安迪·沃霍尔（Andy Warhol）

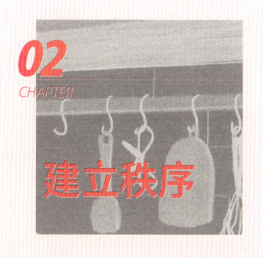

02

CHAPTER

建立秩序

如果在生活中，你总有对小东西的不时之需，这哪怕不是折磨，也会是无穷的烦恼。

——塞缪尔·约翰逊

一旦我们对生活中物品的去留做出了重要选择，就可以开始建立秩序。

建立秩序是困难的，但整理、维修、把物件放到适当的地方，并让原来被忽视的空间充满生机，这个过程也是令人有成就感的。

对大多数人来说，外在秩序会让人深感平静。这种平静也许是源于一种可见的控制感，或是源于对杂乱视觉上的解脱，或是源于心中内疚和沮丧的宣泄。建立秩序，即使是给袜子等平淡无奇的日用品建立秩序，也会给你带来极大的快乐和力量。虽然我们无法控制的东西很多，但我们可以控制自己的东西。

请建立你的秩序。

修好"破窗户"

警察的"破窗理论"认为，当一个社区能够容忍一些小混乱和小犯罪时（比如砸破窗户、涂鸦、翻越栅栏或在公共场所饮酒等），严重的犯罪行为可能会接踵而至。

作为执法理论，这一理论是有争议的。且不管它在城市层面上是否正确，我认为它在个人层面上是正确的。当人们身处无序的环境中时，其行为也更容易变得混乱。

一些常见的个人行为混乱：

- 未分类的邮件和未付的账单
- 胡乱堆放的报纸
- 到处乱放的鞋子
- 用完的厕纸

- 堆得乱七八糟的桌面

- 屋里到处散乱的脏碗碟

- 成堆的垃圾或待洗的脏衣物

- 没有整理的床铺

当然，一堆尚未分类的信件没什么大不了的，然而，细微处的秩序感会让我们感觉更有掌控感，也更快乐。

当心"杂物扎堆"

在每个人的家里或办公室里，都有一些"杂物扎堆"的地方。我小时候，家里的餐桌就是"杂物扎堆"的地方。现在，我家走廊五斗橱[①]最上面的抽屉是"杂物扎堆"的地方，还有卧室里的椅子、厨房的桌子，以及卧室的地板，都成了"杂物扎堆"的地方。

——————————————

① 五斗橱，也称五屉柜，就是有五个抽屉的柜子。——编者注

现在，每天晚上，我都努力清理这些地方。为什么？因为杂物会吸引杂物，所以一旦杂物开始堆积，那个地方就会变得越来越糟糕。

养成定期清理杂物的习惯，这样杂物就不会积累成堆。

记住：如果你找不到它，你就不会用它

尽量把物品放在容易拿到的地方。

通常，考虑物品是否方便取用比考虑它应存放在何处更实用。如果你想存放某件东西，但又不在意它是否方便取用，那么，这可能意味着你根本就没有必要保存它。

停止找寻

很多人都会发现，好像有一样东西是永远找不到的。每天，我们都会花费大量的时间和精力寻找钥匙、太阳镜、手机充电器、工作证、新书等等。

先确定找不到的东西是什么，然后想办法解决"找不到"这个问题。

找不到钥匙？你可以在门后放个挂钩，把钥匙挂上去。上班时找不到手机充电器？买几条充电线，把它们放在办公桌触手可及的地方，而且永远不要乱丢。找不到签字笔？买一盒笔，每个抽屉都放几支。

只要稍加思索，我们就能节省很多时间，还能避免产生找不到东西的那种沮丧。

建立秩序，时不我待

对于任何人来说，清扫房屋都是一件让人头疼的事情。这需要花费我们大量的精力、时间、体力，不仅会让人畏难、想退缩，而且还会让人情绪低落。

因此，如果你的阁楼、地下室、车库、客房或者办公室需要清扫，请不要拖太长时间。

事实上，社会学和老年学教授戴维·埃克特发现，人在 50 岁之后，随着年龄的增长，会越发难以舍弃自己的财物。

对你和他人来说，这可能是一个真正的问题。有些人无法计划搬新家，因为他们不能直面清理房子的问题，所以这个负担早晚会落在其他人身上。

现在就清理吧，等待不会让问题变得更简单。

肥皂和水可以清除大部分污渍

通常，我们不需要特别专业的清洁产品来处理日常大扫除问题。

确定本月"清理主题"

为了让杂物清理变得更有趣，我们可以为当月的清扫确定一个主题，只清理跟主题相关的东西。这种方法是任意的，但也是它有效的原因之一：它能帮助我们以一种新颖有趣的方式看待周围的环境。

清理的主题可以有哪些？书籍、衣服、玩具、办公用品、厨房设备或浴室用品，这些都可以作为主题。

购买纪念品要谨慎

每次外出旅游时，我们总会觉得当地的纪念品很不错，但是买回家后你是否真的想把它们摆到书架上呢？

你如果确实喜欢购买旅游纪念品，可以考虑购买体积小、易于展示或使用，且又容易唤起回忆的物品，如圣诞树装饰品、烹饪香料、小饰品、明信片等。

整洁之前会更凌乱

有时候，清理杂物会让人气馁，因为这个过程让人劳心费神。

但这是值得的。

确定问题所在

花点儿时间找出具体问题所在，让生活和工作的空间更便捷、更有序。

比如，你是不是总到处乱放外套或毛衣？把它们挂起来，或者放进衣柜里。

你的耳机线是不是总缠成一团？买个耳机架放办公桌上。

　　你经常把重要的文件放错地方吗？把它们贴在软木板上、在笔记本上做记录，或者创建一个"当前重要信息"的文件夹来保存，还可以使用文件架来保持文件有序并便于取放。

　　只要我们花点儿时间找出问题的根源，解决起来就很简单。

常用区域尽量保持干净整洁

把不常用的厨房电器收起来，不要把所有厨具堆满整个桌子。虽然有些人在堆满东西的环境中依然能好好工作，但实际上对他们来说，干净整洁的工作区域更有助于提高他们的工作效率。

宣布"杂物大赦日"

通常，我们会因为花很多钱买了自己并不需要的东西而感到内疚，会因为买完一样东西却从未用过而感到内疚，也会因为自己丢弃之物让这个世界又多了一份垃圾而感到内疚。

因为这种愧疚感，有些东西即使我们不需要、不使用或不喜欢，我们也不会丢弃。

所以，你可以宣布某一天为"杂物大赦日"，把所有杂物统统清理掉。这样，所有的内疚感都会得到消除，所有的错误都会得到原谅。

回收所有过期的杂志和书刊，把不穿的衣服、落满灰尘的餐具和不再使用的器物送人，扔掉只剩下一只的手套。然后，重新开始。

让一切归位，要知道秩序是最大的优雅。

——

约翰·德莱顿（John Dryden）

专配一个科技产品包

收集你经常使用的科技产品，如电源线、墙插式电源适配器、耳机、耳机适配器等，并将它们放进一个专放科技产品的小包。你可以把它放在抽屉里，或扔进公文包、背包、手提包或行李箱中。

在家里当回"游客"

看看家里或办公室的每一个地方，看看每个橱柜、抽屉以及壁橱与墙的缝隙里都有什么。不要觉得有压力，只是看看而已。

我看完自己的房子后，发现了成堆的塑料杯、图钉和棉球。

很多人家里都有很多被忽视的地方，有些东西放在那里很多年都没有人会想起来。无论一件物品多么有用，如果我们忘记了自己拥有它，就不会主动地使用它。

与家里的死角做斗争

我们大多数人身边都有类似"地牢"的区域，这些地方看起来阴冷、肮脏、无人打理。

所以，请立即进行清理，确保家里没有气味难闻、肮脏或阴冷的区域。

不管是一个旧蜂蜜罐、一个沾满粉底液的化妆瓶、一个油乎乎的工具箱、一个霉烂的浴帘、一袋发霉的坚果，或者是积了一层油腻的厨房地板，请清理掉所有这些黏糊糊的脏东西。

如果可能，请找出这块区域潮湿、损坏或不稳定的原因，并进行修复。

我们尤其要注意家中的宠物，它们可能是让家里变脏的源头：臭烘烘的猫砂、大量的狗毛、鱼缸里难闻的水、旧地毯以及已开封的食物。

这些脏兮兮和被忽视的区域会让我们感到压抑，通过改造它们，我们可以让自己的生活环境更洁净。

铜器常用才闪亮，漂亮的衣服常穿才有价值，
房子空着就会腐烂。

——

奥维德（Ovid）

分配好每天的任务

我喜欢劳拉·英格斯·怀德的小木屋系列作品。小时候读《大森林里的小木屋》时，看到书中写，一周7天，劳拉每天都给自己安排一项具体的家务，我当时就对这个方法深深着迷。劳拉的安排是这样的：

- 周一洗衣

- 周二烫熨

- 周三缝补

- 周四制作黄油

- 周五清洁

- 周六烘焙

- 周日休息

这种方法适用于安排工作任务，也适用于安排需要定期完成的任务。你可以：

- 周一更新电子表格

- 周二处理费用收据

- 周三做报表

- 周四开发票

- 周五打业务电话

设置一个神秘盒子

很多人会攒了一些零碎的、看起来很重要的东西：一截电缆、废弃的遥控器、从地板上捡的螺丝钉、吸尘器附件。你可以把它们都收集起来，放在一个盒子里。你永远不会用到这些东西，但你知道它们就在那里。这样做的好处是，在盒子上写上日期，如果你一年都没有打开过它，就把它扔掉。

随时都可以做的事情往往是一直都没做的事情

要么现在就做，要么决定何时去做。

想象自己要举行派对

没有什么比一群人要来家里做客更能激发我们大扫除的热情。

即使你现在不打算邀请客人，也可以想象自己将要开一个派对。假定一个日期，问问自己："如果下周日上午我要准备 12 位客人的餐食，现在我需要做哪些准备？"

尽量让自己从主人的角度来准备。你会惊奇地发现家中许多被忽视的地方：门框上的污渍、冰箱里的面包屑、客厅角落里胡乱堆放的玩具。

顺着这种思路开始清理……

从陌生人的视角来
审视自己的家

假装你是房产经纪人，现在要把你住的这个房子投放到市场，然后对房子进行审视，用冷静的眼光来评估它的价值。哪些方面可能会拉低它的价值？哪些变化会提高它的价值？比如闲置的书房可以改造成办公室或健身房。清空塞得满满的架子，更换那些坏掉的灯泡。

或者，假设你准备短租这套房子，你觉得把房间照片传到爱彼迎网站上会有什么样的反响？

如果你是这套房子的遗产执行人、专业的活动组织者，或是来大扫除的房屋清洁工……

通过假设另一种身份——一个对你的财产和空间没有个人偏好的陌生人，让自己站在另一个角度去审视，从而让建立秩序变得更简单。

正是通过研究这些小事，我们才能掌握一门伟大的艺术，即尽可能少地经受痛苦，多得幸福。

塞缪尔·约翰逊

确定每一样东西的存放位置

把物品放在一个固定的地方，比随意放置更方便，也更高效。当你确定在哪里可以找到某些重要的物品时，会使你的生活更顺畅。例如，你知道在哪里可以找到：

护照   剪刀

手电筒   去年的纳税申报单

果蔬刮皮器 螺丝刀

创可贴   出生证明

5 号电池 量匙

电热毯   打包胶带

这样做的好处是，把物品放在固定的地方，更方便我们找到和收纳。比如，家里每个人都知道插线板在壁橱第三层的左边。

要有条理，但过犹不及

把每样东西都放在固定的地方，既方便也高效，但是请不要做过头了。如果你花了很多时间按字母顺序排列汤类罐头或者把家里的图书分成 15 类，那么你就应该简化你的整理方法了。

而且，有些物品就是无法保持井然有序，也不值得花太多时间整理。比如，我花了好几个小时把彩色蜡笔和乐高积木分门别类，第二天却发现它们又混在一起了。

拒绝购买收纳箱的诱惑

想去商店买结构复杂的挂衣架、抽屉和隔层等东西的人，经常是有严重的杂物堆积问题的人，这并不奇怪。

不要购买收纳箱，除非它真的有助于整理你的必需品。不要用收纳箱转移杂物，或是为了塞进更多杂物。

如果你需要用收纳箱来存放东西，就说明你的东西也许是太多了。

如果你想把一些东西收拾好放置起来，就不要买更多收纳箱来收纳，因为放起来之后，你通常不会再想起这些东西。如果你想把不需要、不使用或不喜欢的东西处理掉，那么你可能根本不需要这些收纳箱。

把每样东西都放在它应该在的地方

顶级大厨都会谈论"mise-en-place"，它在法语里的意思是"每样东西都放在它该放的地方"。"Mise-en-place"本意是指在烹饪开始之前所做的准备工作，如收集配料和工具、处理食材，以及其他工作。

"Mise-en-place"意味着厨师把一切都准备好了，不需要临时去商店购买食材或者发疯似的寻找削皮刀。

如有可能，试着把每样东西都放在它应该在的地方。当我们花费时间建立了自己的生活、工作秩序时，这样做会更容易。比如，你可以找一个固定的地方用来放邮票、信封、回邮地址标签、支票簿和开信刀。一旦你准备寄快递，这些东西就在那里供你使用。

事后随时清理

你可以一边做饭，一边收拾厨房；穿上睡衣后你要把换下来的衣服随手挂好；找到需要的文件后，你应该把原文件夹立即放回文件柜。如果你能一直保持随时清理的习惯，那么收拾杂物的工作会变得更容易。

对大多数人而言，问题刚出现时就及时处理，比等到最后累积成大问题时再处理更容易。

设置一个"需求碗"

在《哈利·波特》系列丛书中，哈利发现了一间"有求必应"屋，里面可以神奇地容纳一个人需要的任何东西。受此启发，现在，每当我去一个新地方旅行时，都要用一个"需求碗"。

　　找一个碗或托盘，把我和家人出门时可能需要的所有小东西都放在里面：钥匙、太阳镜、耳塞、零钱、钱包等。

　　旅行时，我发现自己在陌生的环境里，经常把东西随手乱放。找一个固定的小包，把所有重要的东西都放在里面，可以避免自己像个无头苍蝇一样找来找去，白白浪费时间。

设置储物箱

　　当人们共享空间时（如夫妻、家庭成员、同屋的舍友、同一个办公室的同事），大家对杂乱的容忍程度经常不一样，这会引发很多矛盾。

　　如果你对秩序的要求高于与你共享空间的人，那么你可以考虑准备一些储物箱，把他们的东西归置在里面，并把储物箱放在一个方便但不突兀的地方。当你想更好地维持秩序时，你可以把其他人没有归位的东西都放进储物箱。与把这些东西一样一样进行归位相比，放进储物箱更快也更省事，尤其是当你不知道该把这些东西放回哪里的时候。

这样，这些东西就不会占用太多的公共空间，它们的主人也能很容易找到。如有必要，你还可以额外准备一个箱子来放无主之物。

每个房间里放
一些笔、记事本、
透明胶带和一把剪刀

如果手边刚好放着必需的工具，生活就会更便捷。

找一个地方来放那些穿过
但还不需要清洗的衣服

有些衣物既不是刚洗干净的，也不是需要立刻清洗的，让人很纠结该怎么存放它们。比如，穿了一两次的运动裤，穿了一个下午的衬衫。

如果把穿过几次的衣服跟干净的衣服混在一起，会让人很不舒服。有些人会把这些不太脏的衣服堆在一些奇怪的地方。如果你也是这样的人，你可以找个专门的衣架把它们挂起来，或者找个专门的抽屉存放。

暂时的往往会变成永久的，
永久的往往也会变成暂时的

你想过什么样的生活，就要从一开始坚持打造，因为暂时的往往会变成永久的。当你住进新房后，如果家人一开始就把他们的东西胡乱堆在地上，那么这种习惯以后便很难改变。所以，从第一天住进新房时就需要努力养成好习惯。

另一方面，看似永恒的东西往往只是暂时的。你的厨房里似乎永远都会有一把脏兮兮的高脚椅，有一天那把高脚椅却不见了，而你对此却一无所知。

03
CHAPTER

知己并知彼

我们所爱之物昭示着我们是谁。

——托马斯·默顿（Thomas Merton）

建立秩序没有神奇的、普适的解决方案，我
们都需要采用适合自己的方式。

　　有人认为，出于断舍离，他可以舍弃一大堆东西，
因为它们毫无意义。有人认为，出于参与目的，他可以舍
弃某件物品，因为少量珍贵的物件比一大堆无法处理的东
西更重要。

　　我们可以相互学习，但是做成一件事情并没有最佳
方法。没有谁的方法是对的，也没有谁的方法是错的。

　　当我们了解自己时，我们就可以根据自己的需要来
调整周围的环境，并采取适当的方法。我们不必强迫自己
照搬别人的做法。精神上做好准备，清理杂物就变成了一

种自我认知的练习。

而且，当我们了解他人如何用不同的方式看待这个世界时，我们就可以找到让自己茁壮成长的方法。

我有自己想要建立秩序的理由。对我而言，某些秩序比其他秩序更重要。比如，我并不介意在水槽里看到脏盘子，但我不喜欢在地板上看到散落的玩具。我丈夫却恰恰相反。认识到这些差异，更有利于保持一个让我们双方都满意的居家环境。

我们可以整理自己的空间，以便向他人（和我们自己）展示我们是谁。

知己且知彼。

明确你的目的

假设你"应该"去清理杂物，这对你来说很容易。当你清楚自己为什么要这么做时，你就能更高效地利用自己的时间和精力，也更容易成功。

　　你可以问问自己："我为什么要清理这个？我的目的是什么？"如果你开始清理是因为你认为自己"应该"清理，那么你很有可能会清了一部分，然后分了心，停了下来，直到最后也没完成。比如打扫车库，如果你是因为想把车停在车库里面，这样在冬天的早晨就不用去刮挡风玻璃上的冰雪，那么这个任务完成的可能性就更大。因为有了明确的目标之后，你会更想一直干下去，而且在任务完成后会对自己更加满意。

　　另一方面，如果你觉得完成某项任务没什么意义，也不必太担心，因为你追求的是外在秩序所带来的快乐，而非外在秩序本身。

问问自己："我讨厌的杂物有哪些？"

　　杂物有很多种，如衣服、玩具、纸张、厨具、宠物用品、学校活动用品、汽车用品等……

　　竭尽全力清理最让你烦恼的杂物。

没人会后悔换了灯泡

立刻行动起来把坏灯泡换了。不拖延是最简单的办法。而且换灯泡的时候，记得把厕纸也换了。

你会用一团糟"犒劳"自己吗？

当我们感到沮丧或不知所措时，就会特别想"犒劳"自己。我们想让自己感觉好些，但"犒劳"之后往往感觉更糟。比如，一份冰激凌圣代、一大杯葡萄酒、一次大手笔的挥霍等等。这些方式会在当时给你带来刺激，但随后你又会感到内疚和自责。

我最喜欢的一种不太健康的"犒劳"是什么呢？那就是告诉自己"我做不到让一切井然有序，因为我太忙了，应该休息"。

问题是，对我和很多人而言，恰恰是这种混乱让我们感觉很糟糕。避免这种糟糕的感觉，正是我们要维持秩序的理由。

外在的秩序，给我更多的自由，有助于内心的平静。

你对自己的身份心存幻想吗？

也许你希望过一种幻想生活，在这种生活中，哑铃、毛巾、公文包、吉他或电动工具，这些东西都可以得到充分使用。

　　也许你想以幻想中的身份示人——你希望人们认为你是历史或外交专业的学生，或者是资深的电影迷，所以你积累了与之相关的东西来体现你的身份。

　　虽然承认某些物件没有用处确实令人痛苦，但是这些无用之物又的确妨碍了我们的生活。对自己诚实一点儿，把架子上的杂物清理掉，这样你才会有更多的空间放置自己喜欢和有用的东西。

你是否还固守着过去的喜好？

　　即使你的膝盖受伤了，不能再滑雪了，你是否仍保留着所有的滑雪装备？有时候，我们一想到要放弃自己的过去就会无比难过，所以我们会紧紧抓住旧的物件不放，以此拒绝变化。

　　即使你再也没读过《纽约客》杂志，你是否还在订阅？有时，我们没有注意到自己的喜好已经发生改变，而那些曾经有用或吸引自己的东西也不再适合我们了。

　　即使你从来不去办公室，但你是否仍保留着所有的工作服？有时，我们曾在生命的某个阶段投入了大量的时间、精力或金钱，所以会紧紧抓住与之相关的一切。

　　那些我们喜爱的、精心挑选的纪念品可以帮助我们回忆过去，但是保留太多过去的东西会让我们沉湎其中，妨碍我们珍惜当下。

谨防假忙碌

　　建立秩序是有意义的，但是我们不想让自己做不必要的工作。比如，查找不需要的信息、花大量时间完善临时报告的格式、在不需要标签的笔记本上贴标签……只有通过秩序和整理提高了我们的工作效率时，这些行为才是有价值的。但我们应该明白，我们的最终目标是提高效率，而不是秩序和整理本身。

　　"很忙"并不意味着效率高。最危险的拖延就是一直在工作。

你的杂物是过去型的还是未来型的?

有些人保留过去型的杂物是为了回忆从前——"多年前,我很喜欢用冰棒棍搭建城堡"。

有些人保留未来型的杂物是为了备未来之需——"将来某一天,我可能会用到这个超大的玻璃罐"。

认识到自己紧抓不放的东西属于哪一类,就能更容易地决定它们的去留。

关注孩子的爱好

孩子们经常会收到自己不想要的礼物。

有时候父母急于培养孩子的某种爱好,例如下棋、绘画或弹吉他。因此,即使孩子已经失去了兴趣,父母还是会给他们买很多用品和装备。

有时候亲友会买一些跟孩子年龄不符的东西,例如在孩子已经不再对恐龙痴迷时,还一直给他们买恐龙主题的礼物。

要记住，孩子们的兴趣和愿望大都变化得很快。

你认为自己的东西是很实用的，
还是很神秘的？

有些人把自己的东西看作无生命的物品，认为它们可以进行分类和储存。

有些人则持有更拟人化的观点，他们认为东西本身是有灵魂的：把袜子塞在抽屉里可能会让它们觉得不舒服；花瓶孤零零的在架子上可能会感到孤单；餐盘一定得轮换使用，这样每个盘子都不会因为被忽略而感到愤愤不平；行李箱是主人忠诚的伙伴……

小时候，我会觉得床上的装饰性抱枕如果摆放不整齐的话，我就会"伤害"它们的感情。

如果你持有更偏激的观点，那么放弃物品对你而言可能会难上加难。当清理时刻来到时，你可以感谢它们的服务，感谢它们为你的生活所做的贡献，然后断舍离。

　　我有一个朋友会在每年元旦这天把冰箱里的剩菜、芥末罐、泡菜及其他东西都清理干净。虽然我不会这么浪费，但我完全理解他这种冲动——新的一年，一切重新开始，无须恋旧。

管好自己的事即可

　　有时候，即使他人的杂物对你没有影响，你也会因此感到烦恼。你可能会说，"请你把乱糟糟的背包收拾干净""不要在临出发前最后一刻再打包""把书架的书按字母顺序整理好"，或者"把桌子收拾干净"。

　　但是，如果某人的杂乱只影响了他自己，那么除非他要求你，否则不要干涉。不同的人会以不同的方式看待杂乱，我们要保存自己的时间、精力和耐心，没必要杞人忧天。

未经使用的办公用品都是无用的

对很多人来说，尤其是在工作中，保留某样东西比粉碎、回收、捐赠、扔掉它们或把它们放在储物柜里更容易、更安全。

此外，随着工作的变化和世界的发展，我们很容易积累与过去工作相关的工具、资料和文件。我在清理家里时发现，自己还有一台录音机，这些年来我从未用过它（而且永远也不会用到，因为如果现在需要录音，我会用智能手机）。因此我把录音机放到了捐赠箱里。

我们还会买一些华而不实的东西，比如三孔打孔机、信纸、尺子、计算器等；或者会囤积一些不怎么用的东西，比如单板活页夹、空白三环活页夹、荧光笔、许多包番茄酱和盐。

请只保留那些你真正会使用的东西。

你是不是处于"东西成堆"的时期？

低龄儿童的父母不得不处理一大堆与孩子相关的东西，而这些东西经常会造成杂乱。

比如，婴幼儿需要婴儿车、婴儿床、餐椅、汽车安全座椅和训练便盆。他们通常有很多大型玩具，比如玩具厨房或大的积木套装。此外，他们在日常生活中还需要很多其他特殊设计的物品。

如果你被这些乱七八糟的东西激怒了，请记住，这一切都会过去的。虽然大一点的孩子确实会制造出另一种令人抓狂的杂乱，但他们的所用之物占用的空间通常较少，而且他们早晚会搬出去。

我提醒自己，现在让我烦恼的事情，会是将来我渴望记住的事情。虽然把婴儿车放在门廊一度让我抓狂，但现在我却无比怀念地回想："啊，还记得有小宝宝和婴儿车的那些日子吗？"

长日漫漫，但岁月如梭。

问问自己："我继承了这件东西，但是我想保留它吗？"

从长辈那里继承了某件物品后，我们就会很想保留它。

除非这件物品会让你想起曾经爱过的亲人，除非这件物品曾经对他很重要，否则，它就不值得保留。

那套家具、那套瓷器、那些工具、那些不符合你品味的装饰物——如果它们得不到使用，就把它们扔掉。

总结其他成功的经验

你的周围是否乱七八糟，没有一片区域能保持整洁？如果你很擅长整理邮件，却不擅长整理衣服，也许你可以用整理邮件的方式来整理衣服。

也许你在家很邋遢，但在工作中却井然有序。那么，是什么让你在某一个环境中能保持良好的秩序，而在另一个环境中却做不到呢?

也许现在你无法保持良好的秩序,但你曾经有一段时间是保持整齐有序的。想想看,当时你为什么能轻松地保持整洁呢?

想一想为什么某些方法能帮助你维持秩序,从中吸取经验,并把它们应用于生活的其他方面。

要了解一个人,多年的社交不如跟他在同一屋檐下生活一个星期。

——

菲利普·罗帕特（Phillip Lopate）

你是喜欢桌面堆满东西，还是喜欢 把桌面收拾得干干净净？

你喜欢把东西放在桌面上方便取用，还是喜欢把东西都收拾起来保持桌面干净？

在一个朋友家的灶台上，我看到了一堆东西：胡椒研磨器、砧板、止痛药、汤匙架和百吉饼切片机。而我却喜欢把这些东西都放在看不见的地方。

没有所谓正确的方法，让你感觉舒服的方法才是正确的方法。

然而，即使对于喜欢看到周围堆满东西的人来说，如果物品不是随意堆放，而是经过精心挑选和布置的，摆放在能够发挥其功能的地方，那这个办法也管用。

重新考虑送礼物

互赠礼物是一个很好的传统，但有时候会产生大家都没有得到自己真正想要的礼物的局面。

为了确保收到的和送出的礼物都很实用，你要为自己和他人准备好礼物清单，并鼓励大家使用愿望清单。

有些人愿意遵循节日传统来列举礼物清单：心仪之物、生活必需品、衣物、书刊等。

有些人并不想要更多东西。如果是这样，不要送物品作为礼物，你可以送他们某种体验，比如带他们去餐厅就餐、为他们做饭、带他们去看表演或展览、为他们支付健身费用、帮他们做家务等等。

问问自己："我在意吗?"

记住，在某种程度上，清理杂物是因为杂物会降低你的幸福感。

如果你并不在意，就不用费劲去清理了。我有个朋友，她的房子很漂亮，收拾得也很好，就是入口处塞满了鞋子、背包、运动器材，衣钩上也挂满了衣物，显得很杂乱。

对此她却毫不在意。

你是持久型还是爆发型?

如果你正准备清理杂物，哪种方式更吸引你? 是每天做一点儿，直到清理任务完成，还是花一天时间快速完成?

持久型的人不喜欢在截止期限之前突击，他们更喜欢从容而稳定的清理。这类人可能会每天花 30 分钟做整理，或者一次只清理一个架子或抽屉，直到所有的杂物都被清理干净。

爆发型的人通常乐于在截止日期前突击，他们更喜欢在短时间内进行高强度的清理。这类人可能会选择在周六上午去办公室大扫除，或者邀请客人来过周末，以此给自己寻找动力。

清理杂物的方式没有对错之分。

你是支持型人格、怀疑型人格、守义型人格，还是叛逆型人格？

在我的书《掌控关系》（*Four Tendencies*）[①]中，我描述了自己设计的四种人格框架，以解释人们对期望的不同反应。这四种框架，根据人们对外界期望（完成任务、回应朋友的请求）和内心期望（开始沉思、坚持新年决心）的反应来区分人的性格。

---

① 中文简体版由中信出版集团于 2019 年 2 月出版。——编者注

图　四种人格倾向

支持者　很容易对外在和内在期望做出反应。

怀疑者　质疑一切期望。如果他们认为某种期望是有意义的，才会去实现它。本质上，他们把所有的期望都变成了内在期望。

守义者　满足了外界期望，却难以满足内在期望。

叛逆者　拒绝满足一切期望，无论是外在期望还是内在期望。

"对期望的反应"听起来可能有点儿模糊，但事实证明它是非常重要的。例如，当你试图清理杂物时：

支持者：因为支持者愿意就待办事项、日程和计划做安排，因此如果你想整理一堆办公室文件，就把这个任务安排到日程里。

怀疑者：怀疑者专注于行动的原因，所以你得提醒自己清理杂物带来的好处，如节约时间、节省空间和获得内心平静。怀疑者经常提出这样的问题："如果我迟早会把床铺弄乱，为什么还要整理呢？"你越清楚自己努力的理由，就越容易坚持到底。

守义者：守义者要满足内在的期望，需要有外在的责任驱使。因此，你要培养清理杂物的责任：邀请朋友来一起清理；雇用专业保洁员；对别人许下承诺；邀请他人来家里过周末。你有责任成为他人的好榜样，想想其他人将从你家宽敞有序的环境中受益颇多，想想未来对自己的期待。

叛逆者：叛逆者喜欢做自己想做的事情。因此，提醒自己，清理杂物不是你应该做的或是你必须做的，也不是别人期望你做的，而是你自己想做的。如果你喜欢，你可以把能做的所有事情都列在一张"可以做"而不是"待做"的清单上。叛逆者也喜欢挑战,"我的老板认为我一下午不能清理完这些储物架。看我的吧!"

你是不是买太多了?

有些人买得太多,而有些人买得太少。

如果你属于过度购物的那种人,那么你会:

- 倾向于囤积一大堆日常消费物品,像洗发水或者咳嗽药。
- 经常买一些工具或者电子产品之类的东西,买的时候会想:我可能会用到它。
- 旅行前计划逛很多商店。
- 把牛奶、药品、罐头都扔了,因为它们都过期了。
- 买东西的时候脑子里想的是"这会是个不错

的礼物!",却没有想好可以送给谁。

过度购物的人常常感到压力很大,因为他们被各种物品包围着。他们经常没有足够的储存空间来存放所买的东西,或者找不到已有的东西。他们认为自己需要做的事情太多了,而且经常因为买得太多而造成浪费和混乱,这些都让他们感到压抑。

所以,过度购物的人,在付款之前好好想想吧!你不需要囤积十年的牙膏。

另一方面……

你是不是买得太少了?

有些人买得太多,而有些人却买得太少。

如果你属于买得太少的那种人,那么你会:

· 经常在需要的时候才匆忙地去买东西,如棉衣或者泳衣。

- 不愿意买有特殊用途的东西，如西服套、面巾纸、护手霜、雨靴。

- 经常需要想临时性解决办法，比如用肥皂代替剃须膏，因为手边没有这些东西。

- 经常考虑买一样东西，然后又决定："以后再买吧""或许我们并不真的需要它"。

买得少的人经常因为没有自己需要的东西感到压力。他们拥有的东西，要么品质太差，要么不好用，或者根本不合适自己。

买得少的人可以适量购买自己需要的东西，别再拖延了，不要等到要去滑雪的当天早上才去买滑雪手套。

而且说到买得少的人……

当心买得少也有杂乱问题

买得多的人可能会有杂乱的问题，这很容易理解。但是，对于买得少的人，你可能会认为他们没有杂乱问题。

事实上，尽管买得少的人不喜欢购物，但这也会给他们带来杂乱。他们会由于缺少某个东西而被迫去购物，这一点让他们很恐惧。因此，他们会发现，无论这个东西多么无用，自己都很难放弃——"这个冰激凌机我只用了一次，但是说不定哪天我又想做冰激凌了，那样的话我又得出去再买一个。"

过去是未来最好的指导。如果买了某件物品之后你一直没有用过，那么你以后也不太可能再用到它。

感到不开心？试着清理杂物吧

尽管这个方法并不适用于所有人，但是有些人（比如我）觉得清理杂物很舒服。轻柔地把东西放在合适的地方，看到周围由杂乱变得有序，我获得的视觉满足感已令我倍感鼓舞。

试试吧。下次当你感到愤怒、焦虑或不开心时，试着在周围建立一些秩序，这样你会感觉好多了。

我有个朋友，有一次她和她父亲发生了争执，于是她花了一天时间来清理办公室。把东西分类、淘汰，整理并腾出空间，在这个过程中她冷静下来了。

另外，如果你因为有人突然清理杂物而抓狂，请记住，这个人可能是在用外在的秩序来处理其内在的焦虑、悲伤或者愤怒。

问问 "这是谁的东西？"

通常情况下，我们周围总有杂物，这是因为它们没有明确的归属，因此大家都觉得自己无权处理。

的确，家中橱柜里有一瓶乳液，你从来没用过，但是不知谁买了它。那个人用过吗？或者某一本书，某一套

秩序给我自由
Outer Order, Inner Calm

运动装备，某一根绳子——这些东西又属于谁呢？

办公室里，所有权问题可能是一个特别的问题。一些文件不是你的，而且似乎没有人知道为什么它们在走道里放了两年，但是你怎么能把它们扔掉呢？

如果你看到你认为是杂物的东西，问问周围的人，看看是否有人认领。你会惊讶地发现，很多东西都是无主之物。

当心公共空间的杂乱

当人们共享一个空间而无人负责维持秩序时，大家往往会随心所欲，搞得一团糟。

这可能是办公室里的一个特殊情形。例如，公司茶水间里的水槽和桌面、会议室等都是公用的，但不是每个人都会认真打扫。

这些公用区域会引发很多冲突。据我观察，最好的办法是指派专人来维持每个区域的秩序。

不要让完美成为美好的敌人

了解自己的能力，认识到自己的极限。

事实上，花 10 分钟清理一个书架，要好过幻想花一个周末清理地下室。

事实上，清理掉自己不穿的大部分衣服，要好过幻想着雇用一家高端衣橱设计公司为你设计衣橱。

即使我们不能建立或维持完美的秩序，努力拥有更有序的生活也是值得的。

你有没有帮他人存放杂物？

有时候，我们的房子里堆满了帮别人存放的东西，而且他们可能根本不想要这些东西。

比如，你把儿子以前得过的奖杯放在书架上，这样他需要的时候就可以随时拿走。但他会拿吗？

我有个朋友被调到海外工作一年，她请求她的一个朋友帮忙存放她收集的一大堆火柴盒。尽管她这位朋友住在纽约市一套非常狭小的公寓里，但他还是同意帮忙。这些火柴盒在他的小壁橱里占据了很大的空间。结果她在国外待了 3 年，当她最终回到纽约时，朋友让她取回那些收藏品，她却说："哦，你都扔掉吧，我不想要了。"

除非你知道对方把这些东西看得很重要，否则不要随便帮人存放。

问问自己："这件纪念品真的能帮我留住回忆吗？"

纪念品的意义在于它们能让我们想起自己喜欢的人、喜欢参加的活动和喜欢去的地方。但有时候，即使它们没有任何纪念意义，我们还是不舍得丢弃。

比如，你有一个马克杯，上面印有一群人的照片，你与这些人 10 年前曾短暂共事过，但是现在你连他们的名字都记不起来了。

你继承了一大箱远房亲戚照片，但是照片里的人你一个也不认识。

父亲把祖父的鱼竿传给了你，但是你从来没见过祖父，也从来不去钓鱼。

不要留着没有纪念意义的纪念品，除非你珍视它，否则不要把它当作纪念品保存。

你是一个杂乱盲吗？或者
你在跟这样的人打交道吗？

通常情况下，夫妻二人或团队中的各成员，大家对杂乱的容忍程度是不同的。那些容忍度最低的人，最终是清理最多的人；而那些容忍度最高的人，最终是清理最少的人。

然而，在大多数情况下，对秩序要求不高的人，最终也会进行清理，因为他们也希望生活在一个井然有序的环境中。

但是，仍有一些人是真正的"杂乱盲"，他们似乎从来不在意周围的杂乱。

如果你是"杂乱盲"，可能就不太理解为什么别人总是抱怨你邋遢。

如果你遇到的是真正的"杂乱盲"，那就接受这样一个事实：鼓励他们主动清理杂乱是非常困难的，因为他们对此既看不见也不在乎，他们根本就没有这个意识。

接受每个人对于杂乱容忍度的差异，有助于让我们在与人相处时更有耐心。

你是否会努力舍弃那些曾给自己带来极大快乐或者便利的东西？

在《道德情操论》一书中，哲学家亚当·斯密指出：

> 我们对那些没有生命的物件会怀有某种感激之情，这些东西给我们带来极大的或者偶尔的快乐。那个从沉船中逃生的水手，一上岸本应该用那块救命的木板来生火取暖。如果他这样做，似乎是违背自然的举动。我们应该期待他会小心翼翼地保存这块木板，把它当作纪念碑，并珍视它。

我喜欢这段话，但老式的语言可能掩盖了亚当·斯密发人深省的观点：当某个物件为我们做出了巨大的贡献时，我们就不愿意丢弃它了。

例如，我发现自己很难跟旧笔记本电脑说再见——它为我付出了那么多，我们在一起度过了那么多美好的时光。但是，因为它的性能已经不好了，因此我给它拍照留念，然后丢弃了。

有些人会规定洗碗机内餐具的摆放方式

对某些人而言，如何把碗碟放入洗碗机可能是个重要决定——"这个问题对我的爱人来说很重要。出于爱，即使我认为规定放置餐具的做法是不必要的、是愚蠢的、是不合逻辑的，也是浪费时间的，但我依然会按照她的方法把碗碟放进洗碗机"。

你如果无法说服自己采用对方建议的"疯狂"的方法放置餐具，那就跟对方一起看看说明书，来决定什么是"最好"的办法。

每个人对杂乱的定义不一样

你有没有注意到，如果你自己正在制造某种声音，例如按压圆珠笔的声音、用手指敲桌面的声音——这些声音不会打扰到你，但如果别人发出这种声音，你就会觉得很烦。

杂物也是一样。通常，我们不介意甚至看不到自己弄的杂物，但却对别人带来的杂物感到很烦恼。一个朋友告诉我："我丈夫总是抱怨我把厨台弄得一团糟，但他也把客厅搞得乱七八糟。"

记住这个现象，我们就能理解，即使你觉得某个地方没那么乱，但也会有人让你清理。当你让某人清理某个地方时，他也会感到无比惊讶。

把东西存放在商店里

买一件东西的时候，你是不是总认为自己很快就会用到它？购买大量的日常用品（锡纸、纸巾、牙线）的时候，你是不是总认为这些东西可能很快会用完，所以最好多买一些？如果是这样，你就要提醒自己，如有需要，这些东西随时可以买到。也许你永远都不会需要，所以应该把它们存放在商店里。

如需帮助，请直说

对于直接的建议，人们往往更愿意采纳，不太会抱怨。消极的批评和大声叹息则往往会被忽视。你不要对别人说"这个地方太乱了"这样的话，试着说"请把你的文具从餐桌上拿下来"。不要说"怎么从来没有人打扫这里"，试着说"请把洗碗机里的餐具拿出来，这样我可以把水槽里的脏盘子放进去清洗"。

挥动你的魔杖

想象你有一根魔杖。

房子里神奇地多出了一个房间，你会怎么使用？

如果你需要完成一项神奇的任务——一项需要一夜之间便完成的任务，而你却不能付出任何努力，你会怎么做？

想想你如果有了魔法的帮助，会做些什么？这有助于你在生活中做出一些可能的改变。

例如，如果通过魔法你拥有了一间瑜伽室，你家里有多余的地方吗？如果魔法能帮你清理车库，你会委托别人或花钱请人清理吗？这样做几乎和使用魔法一样好。

一个真正的家是人类最美好的理想。

——

弗兰克·劳埃德·赖特（Frank Lloyd Wright）

不要期待赞扬或者感激

如果你清理杂物，是因为期待别人会因此而赞扬或者感激你，那么结果可能会让你大失所望。

有些人（比如我）发现，当他们告诉自己"我这么做是为了我自己"时，清理工作就更容易些。还有些人发现，当他们告诉自己"我这么做是为了他人，例如为了家人、为了客人或者为了陌生人"时，清理就更容易些。

不管你属于哪一种人，不要期望人们会用你喜欢的方式回应你。人们并不总是善于说"谢谢"，甚至不认为自己需要感谢。

接受自己，并对自己
有更高的期望

或者正如作家弗兰纳里·奥康纳所说："接受自己并不妨碍你继续努力，变得更好。"

我们可以接受自己，并承认自己的本性和习惯。但在清理杂物和处理其他事时，我们还可以要求自己更加努力，做得更好。

04

CHAPTER

养成好习惯

一项日常小任务，如果真的需要每天都做，哪怕是大力神赫拉克勒斯也会被累坏。

——安东尼·特罗洛普（Anthony Trollope）

要清理杂物，
我们首先必须做出选择并建立秩序。
一旦做到这两点，
我们就能搞清楚哪些策略和办法是有用的。

　　下一步就是在做出选择和建立秩序的基础上，养成好习惯。

　　在杂物被堆满之前，简单、快速、有规律的习惯有助于帮助我们进行管理。如果能养成那些维持秩序的习惯，我们在短时间内能做很多事情，但这一点经常被我们低估。保持秩序比建立秩序容易得多，只要拥有正确的好习惯，你就不会堆积杂物。

　　当然，一想到要养成摆脱杂乱的习惯就让人倍感压力，但习惯一旦养成，这些行为就是自发行为。现在开始处理杂乱问题，以后就不用再为此费心了。

请养成好习惯。

遵循"一分钟规则"

迅速完成所有可以在一分钟内完成的任务——把大衣挂起来，阅读邮件，把文件归档，扔掉坏了的签字笔，把牙膏放回刷牙杯里。

因为这些任务耗时很短，所以遵循这一规则并不难。几个星期下来，你会惊讶地发现，每一分钟所完成的任务，累积在一起竟然有这么多。

从一个房间到另一个房间，不要空手而行

当你从一个房间到另一个房间时，随手拿件东西过去。你不必马上把东西归位，只是让它离目的地更近一些。

比如，从厨房出来的时候，把放在厨房的衣服顺手拿出来。你不用立刻把衣服放回衣橱，只是让它离衣橱更近一些。

逐渐地，所有东西都会开始归位。

把东西收好

如果你在想"我把这件东西先放在这里，等会儿再收拾"，那这就要引起警惕了。

打开包装要仔细

大多数物品的包装，如果按照正确的方式，它们就既容易打开，也容易合上。但是当我们不耐烦或不小心的时候，我们可能会忽略这一点，把包装弄坏。

如果你乱撕狗粮袋，它可能就无法重新密封了；如果你撕坏装有拉链袋的盒子，它可能就不能再轻易地合上了；如果你把那个玩具拽出来，它可能就放不回原来的盒子里了。其实，如果你按照正确的方式打开茶叶袋，密封袋口也就是一件很容易的事了。

养成在包装袋上寻找拆封线或凹口的习惯。从长远来看，一点额外的努力和关注会让生活变得更轻松。

要么物尽其用，要么弃而不用。

当心"拖延式清理"的冲动

有时候，我会产生一种特别想清理杂物的冲动。这种冲动不是因为我真正想清理杂物，而是因为我想要把一些其他不好做的工作延后。

比如，办公室里塞得满满的书架平时从未让我心烦，但当我面对一项艰难的任务时，我却坚信，除非我把书架清理好，否则我什么也干不了。

诚然，建立外在秩序能够让我们头脑清楚、精力充沛，帮助我们做好应对重大任务的准备。但是我们也需要确保自己不能打着清理杂物的幌子，从而拖延更为重要的工作。

确定是否是"拖延式清理"的办法之一，就是问自己：如果我已经完成了这项艰难的任务，那我是否依然还想清理杂物？如果答案是否，那你这就是"拖延式清理"。

有益的准备和毫无益处的拖延差别很大。

找到自己的空间

弗吉尼亚·伍尔芙有一个知名的观点：一个作家需要自己的空间。如果你跟大多数人一样，即使你不是作家，你可能也想要自己的空间。你希望有一些个人空间吗？如果想，你有吗？

你可能无法独享整套房子，但你可以为自己争取家中一域，例如壁橱、书桌、文件柜、地下室的一角，这些地方都可以。

如果你跟别人共用一个房间，那么你仍需要一处只属于你的地方，一处你可以独立掌控的地方。

在这个地方，你可以保留自己的隐私，可以放置与工作项目的相关材料，可以随意摆放私人物品而别人不能干涉。而且，未经你的许可，任何人都不能随意取用你的东西。

你的房间里不要有任何不属于你的东西。在家里，不要让你的小角落成为家人胡乱堆放杂物的地方。在工作场所，不要让你的小角落成为同事存放东西的区域。

小地方有大用途。

当心杂物堆积的苗头

杂物的出现大都是悄无声息的。它们会逐渐堆积，我们通常不会注意到，直到它们堆积成山。

注意以下苗头：

- 很费劲才能关上衣橱门。

- 合不上的抽屉。

- 堆了满满两排的东西，一排在前、一排在后。

- 东西只能硬塞进去。

- 盖不上的盖子。

- 一些东西堆在地板上、台面上或者桌子下好几天了。

- 一些东西明显放在不合适的地方（例如，打印机放在客厅的椅子上或者棒球手套放在办公桌上）。

- 一些东西的堆放已经妨碍空间的正常使用了（比如餐桌上堆满了东西，没法儿就餐）。

- 一些东西存放的地方不合适（比如，一盒文具放在了衣橱最上层的架子上）。

该做不做最闹心。

养成旅行时整理的习惯

在等飞机、火车或者公共汽车的时候，可以花几分钟时间整理一下钱包、背包或者公文包。

这是一个充分利用过渡时间的好办法。此时你没有太多其他事情可做，这样整理可以让你的背包更轻便。

保持整洁比着手整理更容易

请养成良好的习惯。我们可以一点点地慢慢处理周围的杂乱，而不是等到杂物堆积成山时再手忙脚乱地收拾整理。

当心办公室死角的杂乱

五双鞋、四件毛衣、七个塑料饭盒、三个健身包……我们把这些东西拿到办公室，却忘了再把它们拿回家，于是这些东西就被遗忘在办公室了。这种情况会造成办公室里的杂乱和使用的不便。

每天下班前，检查一下是否有东西需要带回家。

考虑设置一个箱子或者架子来存放这些"属于其他地方的东西"，把箱子或架子放在门口，这样出门时就可以随手带走。

失眠了？试试清理杂物助眠吧

睡眠专家建议，当你难以入睡时，与其辗转反侧、焦躁不安，不如起床做一些令人身心平静的活动。

当我晚上睡不着的时候，我发现清理杂物可以助眠。这个方法既不费力，也不费神，我会在公寓里四处看看，把乱放的东西收拾好。通常我会忙活至少 20 分钟，然后上床睡觉。这种深夜清理很安静，而且哪怕我第二天醒来仍有疲惫感，但至少我的房间看起来不错。

为了节省空间，请按照阴阳原理 ① 来存放鞋子

---

① 此处阴阳原理是指将鞋按照八卦形状一样，头脚相对，进行存放。——编者注

明智购物

对于某些人，购物习惯会导致杂乱问题。如果是这样，试着养成以下购物习惯：

- 除非你有明确的购物目标，否则不要逛商店。
- 购物要迅速。在商店待的时间越长，买的东西就越多。
- 不要推购物车或者提购物篮。如果你只用手拿着要买的东西，那你肯定不会买太多。
- 那些提供试吃、试用的东西会引发购买的冲动，所以拒绝免费样品吧。
- 靠近收银台时要小心，因为那里到处都是可以让你产生购买欲的东西。
- 清除网上账户信息，这样每次购物时你都需要重新输入你的所有信息。
- 记住：如果你不是真的需要或者想要某件物品，那么它再便宜也请你不要买。

我热爱游刃有余的生活。

——

亨利·戴维·梭罗（Henry David Thoreau）

整理桌子，集中注意力

当我们在工作中同时处理多项任务时，其他无关项目的相关材料也很容易让我们分心。

我们很容易会这样想："为手头项目做网上调研的同时，我也可以查一下其他项目的信息。"但是，这种杂乱无章的工作思路会让我们茫然无绪，效率低下。

所以，你应该确定当下的首要任务，只处理与那个项目相关的工作，把其他的事都抛在脑后。

开始工作后，清理一下电脑页面，把屏幕上与当下项目无关的网页全部关闭，并把手机放到自己碰不到的地方。

请整理你的办公桌，以便集中精力专门处理某项工作。

设置"物品暂存处"

我们都有一些需要临时存放的东西：待邮寄的包裹，待归还的书籍，需要换线的网球拍。

通常，我们会把某些东西放在桌子或台面上。例如，我一边把鞋子放在厨房的台面，一边想："放在这里吧，这样我就能记着把它们拿去修理了。"但这一放就会放好几个月。

若要解决这一类杂乱问题，你可以设置一个"物品暂存处"，例如衣柜里的某一层架子、车库的某个角落，这些地方正好可以放置这些需要临时存放的东西。

有些人可能希望把这些东西放在显眼的地方，以此来提醒自己及时处理；有些人则会把这个暂存处藏在门后或者抽屉里。只要你能定期查看这些地方，记着处理暂存在那里的东西，这两种方法都管用。

要清理宠物杂物

养成习惯——把狗狗的玩具收起来、把猫砂换掉、给鱼换水，并把所有被咬坏的、被抓破的或者已经不合适的宠物用品处理掉。

一个人做力所能及的事情

有时你会觉得，只有与你共享空间的人都同意了，你才能开始清理杂物。

不要迟迟等待他人的热情或者合作，做自己力所能及的事情。

你会立刻从清理杂物中获益，并且不会因为他人的态度而感到沮丧。

此外，当其他人看到某个区域被清理干净时，也会受到鼓舞去清理自己的区域。可见，做比说更有说服力。

每天坚持做的事情比偶尔做的事情更重要。

不要让自己陷入"不足"

家里要放一些现金，油箱里要加足够多的汽油，多存几卷卫生纸，给手机充满电。

这样会帮你节省时间，避免因急用时感到"不足"而懊恼。

多次清理

无论何时，在清理完杂物后，请你再重新清理一次刚刚清理之处——至少再清理 1~2 次。

清理杂物会让我们不断地进行断舍离。第一次整理壁橱或者文件夹的时候，你会扔掉一些东西。然后，当你再次清理或第三次清理时，你会扔掉更多的东西。

每次清理杂物，你扔的东西会越来越多，你也会越扔越上瘾。

每个衣柜里都要有足够的空衣架，

但不要超过 5 个。

定期整理文件

不要让文件堆积在角落里。成堆的文件会显得很乱，而且重要文件也容易丢失。

如有可能，没有用的文件就立刻扔掉。把有用的文件找个固定的地方放好。我有个专门的抽屉来存放需要处理的文件，比如待付的账单、未回复的邀请函、要添加到文件夹里各类学校的资料，以及信封、邮票和支票簿。然后，每个周日的晚上，我都会一边看电视，一边处理这个抽屉里的文件。

文件放好后就不会显得杂乱，我们也不会丢失重要文件。而且，找起来不费吹灰之力。

"高效一小时"原则

大多数人都有一大堆烦人的琐事要处理。因为这些琐事当时并不着急处理，所以我们就总是把它们往后延。随着时间的推移，这种拖延会让我们筋疲力尽。

如果你解决这个问题，那你可以试着实践"高效一小时"原则：列出所有你要完成的任务，每周一次，每次一小时，逐渐解决这些琐事。

日积月累，你可以完成每一件事。

用挂钩代替衣架

在很多情况下，把衣服挂起来更快、更容易，而更快、更容易的习惯更有可能让你坚持下去。

如果可能，请多用挂钩吧！

整理床铺

当我问别人什么习惯可以让他们感到更快乐时，我惊讶地发现，很多人的回答都是"整理床铺"。为什么这样一个日常活动能引起大家的共鸣呢？

整理床铺，既简单又不耗时，但它能使房间看起来更整洁、更温馨。

而且，卧室在家中具备着特殊意义——我们的床铺象征着我们自己。因此，当卧室看起来整齐有序时，我们就会有更强的秩序感。

恰恰相反，也有些人说他们不喜欢整理床铺。这也很正常，因为每个人的幸福计划都会有所不同。

如果你找不到东西，请清理杂物吧

这么做效果惊人。

不要囤积

养成节约的习惯很容易，比如把得到的每一根橡皮筋、促销的马克杯或者棒球帽都保存起来。但事实上，我们用多少就只需保存多少。看看自己需要多少，不要过量囤积。

只保留几个鞋盒、鞋袋和购物袋（而且不要把它们放在衣柜里的重要位置）。

小心"不经意"的囤积。想想看，你有没有积攒了4罐香菜籽或9个便宜的会议手提包？

你已经攒了一大堆东西，这种行为本身就能使其中某些东西显得更有价值。"我不能把留了10年的《美国国家地理》杂志扔进垃圾箱！"但如果你不看那些杂志，它们就是杂物。

如有可能，尽量避免购买某些物品。举个例子，如果你发现自己攒了大量外卖的番茄酱或塑料餐具，那么下次叫外卖的时候你点一下"不需要餐具"即可。

东西都要物有所用，不要养成保留无用之物的习惯。

逐一清理

只要有几分钟闲暇时间，你就去看看是否有些小地方需要清理。是的，是时候扔掉那些皱巴巴的苹果了。承认吧，你没有理由再保留那把断了柄的梳子。那条相机数据线也该物归原处了。

逐一清理的办法有两个好处：一是不需要花费太多时间，二是效果很快就显现出来了。你不用拿出一大块时间，逐渐就能清理堆积成山的杂物。

扔掉无用之物

有一次在一艘船上，一个朋友的一只鞋掉进水里了。他立刻把另一只捡起来也扔进了水里。到现在我还记得，当时我特别震惊——不仅震惊于他故意乱扔垃圾，而且震惊于他立即把另一只鞋也扔了。虽然他乱扔垃圾是不对的，但是他把剩下那只没用的鞋子扔掉却是对的。

提醒自己：如果某个东西已失去原来的用途了，那么就算它看上去没有问题，我们也不需要保留。比如，没有手柄的搅拌机、打不开的碎纸机、坏掉的雨伞、没有墨水的记号笔、狗狗小时候戴过的小项圈、发出嗡嗡声的小风扇，这些东西如果都不能用了，那就扔掉吧。

一天中每一个阶段都留出
"10 分钟过渡时间"

　　我会给孩子们一定的过渡时间，以帮助他们从一个活动阶段进入下一个活动阶段，成年人也能从这种过渡中受益。

　　下班前，花 10 分钟时间把东西整理好。这 10 分钟帮助我们为一天的工作画上句号，同时也让第二天早上上班时心情更愉悦。

- 看一眼日历上第二天的安排（这一步给我省了很多麻烦）。
- 扔掉垃圾，例如食物包装纸、没有墨水的签字笔，把脏盘子收走清洗。

- 把零钱放在零钱杯里。

- 把钢笔、回形针、活页夹、橡皮筋和其他办
  公用品收好（一天下来，我的桌子上散落着
  7支签字笔）。

- 把不需要的文件扔掉或者归档。

- 把打开的抽屉和门都关上。

- 粉碎无用的文件。

- 把临时放在某处的东西收起来，比如"临
  时"放在地板上的文件夹。

- 收拾好需要带回家的东西。

额外提示

- 集中10分钟处理邮件。利用这10分钟时间，
  尽快浏览邮件，并尽可能多地回复，取消订
  阅不需要的电子邮件。

- 准备好第二天上班用的所有东西（防止上班
  迟到的好办法）。

- 下班前，花点时间欣赏一下办公桌的整洁
  有序。

- 晚上，在家里拿出 10 分钟时间为这一天做个结束的小仪式。

- 把鞋子放好。

- 把衣服挂起来。

- 关上所有的抽屉、衣柜、橱柜和门。

- 把椅子归位。

- 清理厨房台面。

- 把脏餐具放进洗碗机。

- 把报纸和杂志放在可回收垃圾箱里（如果你跟我一样老派，喜欢看纸质报纸）。

- 把电视遥控器放回原处。

- 扔掉垃圾文件。

- 打开收到的包裹。

- 回卧室前，花几分钟欣赏家里的整洁有序。

把东西放在该放的位置

有一个现象很奇怪：有些东西似乎只想待在某个地方。不管怎样，它们都会自然而然地被吸引到那里。如果你发现自己一遍又一遍地把一件物品从 A 点移到 C 点，那么请弄清楚你到底是把这件东西放在 A 点，还是放在 A 点和 C 点的中间。

决定一个东西"属于"某个地方很容易，但是没有什么东西必须放在某个地方。你可能认为自己的浴袍应该挂在浴室里，但是如果你的浴袍看起来更想待在卧室里，也许你应该让它待在那里。

提醒自己："我有足够的空间来放置重要的东西"

养成清理杂物的习惯并不是为了达到某种程度的完美，而是要创造一个整洁有序的环境。在这个环境里我们会感到"我有足够的空间来放置重要的东西。这些东西我能找到，能看到。即使添置了新东西，我也有地方存放"。

05

CHAPTER

增添美感

要知道家里该放什么，不该放什么；
要知道该放在哪里，该怎么放。啊，
这是应该被教育的简单常识。

——弗兰克·劳埃德·赖特

做出了选择，建立了秩序，
了解了自己，
养成了好习惯，
我们已经战胜了杂乱。

但是要通过建立外在秩序来让内心获得更多的自由，仅仅清除杂物是不够的，我们还希望生活充满美感。

我们对周围的环境怀有矛盾的情感：既想拥有足够的物品，又想要拥有井然的秩序和足够的空间；既想要平静，又想要快乐；既想拥有一个安静的空间来保护隐私，又想拥有可以款待他人的宽敞空间。

我们可以使用颜色、气味、空间、光线和摆件来实现这一点。我们可以确保自己的所居之处得到很好的使用和足够的重视，而且它没有被忽视的角落、无法使用的区域、塞得满满的架子或令人讨厌的地方。这种新秩序将令人耳目一新。

我们可以用物件使我们喜欢的人、喜欢去的地方和喜欢参加的活动成为焦点。

一旦美被创造出来，你便可以陶醉于其中，享受这种源于外在秩序的内心平静。现在，每天早上我不用再花时间找手套，我可以利用这段时间来品尝这一天的第一杯咖啡。

请为生活增添美感。

选择自己最喜爱的颜色

如果你选了黄绿色、海蓝色、橄榄色或石板色的色调，并使之成为你的专属颜色，那这样不仅会很有趣，而且会为你的家增添美感与和谐。

找到自己最喜爱的颜色会使决策更容易。你会给自己选择什么颜色的手机壳或者运动服？当然是那些具有你最喜爱的颜色的了。

看到自己喜欢的颜色也会让人精神振奋。

或许你没有最喜爱的颜色，但有最喜爱的图案，比如波尔卡圆点、条纹、动物图案或佩斯利花纹；或者有最喜爱的材质，比如牛仔布、皮革或者天鹅绒。

寓乐于做

正如电影《欢乐满人间》(*Marry Poppins*)里的那句台词:"每一项必须完成的工作都有其乐趣所在。找到乐趣吧!工作就像一场游戏。"

发挥想象力,把清理杂物变成一场游戏。找出打扫厨房的最佳时间。假装自己是保洁公司的保洁员。挑战自己,挑出 10 件东西扔掉。整理杂物的时候,听听你最喜欢的音乐。叠衣服的时候,听听你最喜欢的直播。享受粉碎文件、把垃圾文件扔进回收箱或扔垃圾的快乐。

你可以把清理杂物变成一件快乐的事。我有个朋友,因为工作原因,每逢节日她都会收到成堆的礼物。每一次圣诞晚餐后,她都会在旁边的桌子上摆满她不想要的礼物,然后宣布:"大家随便挑!"这些礼物让客人们很高兴,而她也借此把这些漂亮的东西送给会欣赏它们的人了。

有时候物质欲望体现了精神需求。

考虑建立一个儿童免入区

如果你和孩子们住在一起，而且你的房子足够大，那么你可以打造一个儿童免入区。

孩子们喜欢到处奔跑、吵闹，并随处捣乱，他们的东西到处可见。

所以，试着建立一个儿童免入区，一个未经许可儿童不得入内的地方。它可以是卧室，可以是客厅，也可以是屋里的某个角落。

最理想的情况是，如果大人需要远离孩子们的吵闹，这个地方可以让大人拥有隐私、秩序和安静。

扩大工作空间

许多人在工作时都感到自己的工作空间很狭小。实际上，我们也可以通过清理杂物，让当前的工作场所变得更有魅力、更宽敞。

首先，处理好自己的空间。把办公桌、电脑桌面、架子、抽屉和橱柜里那些不需要、不使用或不喜欢的东西坚决清理掉。

然后，考虑一下是否能说服同事也加入清理的行列来。

清理掉书架和橱柜顶部、桌子下面、角落、过道、布告栏和所有其他平面上堆积的东西后，大家会感到整个办公室的空间更大了。

你甚至可以指派一名秩序负责人，赋予他建立和维护办公室秩序的权力与责任。

空间是美丽的。

物尽其用

你有没有把好东西留着不舍得用的经历？我反正是有。

我非常喜欢结婚时买的那套精致的白色瓷质餐具，而婚后的 20 年间我只用了几次，因为我总担心会把盘子或碗打碎。最后，我决定淡然处之，把那套餐具拿出来使用，并乐在其中。

漂亮的文具，花哨的浴盐，精致的烹饪原料，崭新的白色 T 恤，锋利的工具，一摞摞没读过的书……这些东西，如果得不到使用，就没有意义了。

所有东西都要物尽其用，这样它们的价值才会体现出来。而把它们存起来以备不时之需，则是一种浪费。最近，我不得不扔掉一支昂贵的芳香蜡烛。这支蜡烛包装完好，没有拆封；我把它"保存"了太久，蜡油已经分离并渗了出来。所以，我为什么还要留着它呢？

东西要好好利用，要物尽其用。

厌倦了你的周围？
请尝试建立一些外在秩序

大学期间，一个朋友住在校外。在我们毕业前夕，为了拿回租房押金，她发疯一样打扫了公寓，并说了一些话，这些话我至今仍记得。

"打扫工作不能拖拉，"她说，"我原以为自己很不喜欢这个地方，但现在看起来它很好，我终于意识到原来这里一直这么美好。"

通常，当我们想要生活有所改变或者改善自己的体验时，我们希望自己能做一些大事，比如搬到一个新地方。

有时候这个方法是对的，但有时候我们可以采取其他行动，依照现有经验，改善当下的状况。如果你马上打扫公寓，就会发现它比你原来想的更美好。

东西在精而不在多

　　清理杂物最令人愉快的一点，就是一旦处理掉那些自己不使用、不需要或不喜欢的东西，我们就会更加享受当下所拥有的东西。

　　清理完衣柜后，我发现衣服穿搭起来更容易了，而且剩下的衣服都是我喜欢的，也很容易找到。

　　每当我清理完孩子们的玩具后，他们会突然觉得剩下的玩具更好玩儿。他们有更多的空间去摆放，也能更容易地找到自己喜欢的玩具。而且，在清理杂物的过程中，他们会重新发现被遗忘的玩具。

　　拥有的东西越少，我们就会越频繁地使用现有的东西，并获得更多的乐趣，因为我们不用在一大堆不想要的东西中纠结。

语言的魅力

生活用语会影响我们对一项任务的看法。

在文件夹中，你可以将写有"联系人"的标签更新为"亲友"，或者将写有"文章"的标签更改为"旅游和度假"。

在日历上，我们可以标注"弹钢琴"，而不是"练钢琴"，或者把"邮件时间"变为"交友时间"。你可以在日历上安排一个"个人静修日"、"补课日"、"逃课日"或者"强制休假日"。

不要对自己说"我需要翻翻自己的相片，把不好的扔掉"，而要对自己说"我要把影集整理一下"。

不同的词汇对不同的人有着不一样的吸引力，用你最感兴趣的语术对自己说话。

培养感恩的态度

有时候外在的物件会让我们抓狂，因此，对我们所拥有的物品怀有感恩的态度是有好处的：它们为我们提供了很好的服务；它们以礼物的形式体现了别人对我们的爱；购买它们时我们享受到极大的快乐。

最为重要的是，我们应该心存感激，因为我们足够幸运，所以才能拥有所爱之物。

秉持感恩的态度，即使面对的是无生命的东西，也会让我们更快乐。

感到尴尬？

你会因为自己拥有某件东西而感到尴尬吗？这种感觉很糟糕。采取措施，要么修理它，要么清洗它，要么扔掉它。

让居住空间更宜居

如果你不使用某个区域……想想为什么你没有使用。

你不用办公桌，是因为它离你的活动范围太远，还是太近？你是否发现，自己通常不坐在客厅里，而是坐在厨房里？这是因为客厅太拥挤，还是太空旷？你不喜欢坐在扶手椅上看书，是因为光线不好，还是因为没有地方放咖啡？

走进没有充分利用的房间里看看，问问自己："我该怎么做才能让这间屋子更有吸引力？"想想你需要做些什么来让这个房间变得更受欢迎。更多的光线、植物、艺术品、书架、照片、脚凳、床头柜？架子上的东西需要仔细筛选吗？需要更舒适的家具吗？

　　总之，要直面自己的内心。如果你更喜欢在床上而不是在办公桌上工作，那么整理桌子就没有多大意义。

增添一丝奢华

　　一点点奢华就能让我们的生活变得更美。

　　一套华丽的彩色记号笔，一把优质的菜刀，一条埃及棉床单，一个精美的皮质钱包，一把非常好的雨伞……适当的奢华可以让我们的生活更愉快。当我丈夫开始喜欢波本威士忌时，我给他买了两个水晶酒杯，这样他就能更好地品尝美酒了。

我们也可以为工作场所增添一丝奢华。使用制作精良的工具或引入"奇思妙想"，让工作体验更愉快。在我的办公室里，为了兼得"实用"和"有趣"，我选择了印有鲜艳图案的文件夹、设计有趣的便笺和优雅的书包。

这些与众不同的工具，比中规中矩的更好，可以让我在工作中保持快乐。

选择"更大的生活"

在尝试做出艰难的选择时，你可以挑战一下自己：选择"更大的生活"。

这个问题的好处在于，它揭示了我们的价值观。不同的人对什么是"更大的生活"有不同的看法。

例如，当我的家人在讨论是否养狗时，我在支持和反对中纠结不已，最后，我决定选择"更大的生活"。对于我们而言，选择"更大的生活"意味着决定养狗，而且我们和狗狗巴纳比在一起很开心。

对别人来说，选择"更大的生活"可能不是养狗，这样他可以随时计划长途旅行或省下更多的钱。

通过选择"更大的生活"，我们为自己的新生活开辟了新的方向。

整理玄关

很多人进门后就想扔掉手提包、踢掉鞋子、放下外套，这样做往往会使玄关变得杂乱无章。

这种情形让人难以应付。

请把东西放好。想想如何使用挂钩、篮子、碗或架子等物件来保持秩序感。为玄关增加一点儿艺术气息，如放一株植物、挂一幅壁画，或摆一件漂亮的家具，能使空间更具美感。保持警觉，这样你的家就不会在一夜之间秩序全无。

进了家门，我们想要感受到庇护和平静。

分时节展示照片

欣赏我们所爱之人的照片是最让人开心的事，但同时，我们也很容易在电视柜、壁橱上放满照片。我们习惯了这些照片的存在，因此甚至熟视无睹了。

为了避免这种情形，你可以把照片收集起来，只在特定时刻展示。例如，圣诞照片展、7月4日国庆节[①]照片展，或者开学照片展。

你可能想选些主题相框。有关情人节主题的照片我会选择粉色、红色和银色的相框，照片墙也会使用特定的节日装饰品。

因为这些照片展示的时间不太长，因此，它们不会

[①] 指美国国庆节（National Day），正规叫法是"独立纪念日"，日期为每年7月4日。——编者注

像别的照片那样慢慢变成背景。而且，你可以分时节展示，容易把塞在别处的照片挑选出来。

把所有东西放在拖盘上

香水瓶、香料罐、袖扣、珐琅盒子和煮咖啡的材料。

把这些零零碎碎的东西都一起放在托盘（或者篮子、碗、盘子）上，看起来会更赏心悦目。

即使把东西放在正确的位置，它们看起来也可能凌乱而分散，除非将它们收纳起来。

减少杂乱带来的视觉冲击

有些地方太拥挤了，放眼望去，会让人眼花缭乱，很难受。

在家里，冰箱门上贴满了学校的课程表、孩子们的艺术作品、过期的优惠券、杂志剪报、破烂的宣传页和冰箱贴。这些东西既不是有用的资源，也不能增加美感，而且，会让厨房看起来很凌乱。

在工作中，电脑屏幕上贴满了好几十张字迹潦草的便条，让人看起来很难受。

尽量减少这种杂乱。

点几只蜡烛

蜡烛很容易买到，也不昂贵，而且能为房间增添一份优雅，微弱摇曳的烛光也平添了一份生活气息。

香薰蜡烛还可以给房间带来芬芳。

贴近大自然

贝壳、鹅卵石、花朵、浮木、海玻璃、松果、中空的鸟蛋、在玻璃下压些树叶……在室内看到大自然的东西，会令人感到心旷神怡。

问问自己:"这个东西能让我快乐吗?" 或者"它能让我精力充沛吗?"

近藤麻理惠的畅销书《怦然心动的人生整理魔法》说服了许多人去清理杂物。

近藤麻理惠建议大家只保留那些"能带来快乐"的东西,读者似乎深受启发。近藤麻理惠解释说:"选择保留什么和扔掉什么的最好方法是,把每一件东西都拿在手里,然后问问自己:'这能给我带来快乐吗?'如果是,就留着;如果不是,就扔掉。"

对于那些(像我一样的)觉得这个问题没什么帮助的人,可以试着问问自己:"这件物品会让我精力充沛吗?"对我来说,我更关注"精力"而不是"快乐",这会让我更清楚如何选择。

享受空间的独特之处

选择住所时，你可能会被房子的某些特征所吸引，例如屋后的露天平台、壁炉、花园、门廊、阳光房。

真正入住后，房子里那些吸引你的地方你体验过吗？如果没有，你能采取一些措施方便自己去体验一下吗？

如果你把屋里其他地方的垃圾都扔进客厅，你就不会喜欢待在客厅。如果你不把放在车库里的室外家具搬出来，你也无法享用屋后的露天平台。公寓的私人阳台花费了你很多钱，但你却把旧自行车和半死不活的盆栽堆在了那里。

享受你所拥有的一切吧！

也许有人会说，所有美丽、高贵或伟大的作品
都是有用的，或者所有被证明有用或有益的东
西都有其自身之美。

———

伊萨克·迪内森（Isak Dinesen）

每个房间都应该有些惊喜

它们可以是闪闪发光的东西，迷你或者超大的东西，图案醒目的东西，也可以是丑陋的东西。

也就是说，每个房间都应该有一点儿惊喜或者奇思妙想。

有的地方，让架子空着；有的地方，用抽屉装无用之物

空荡荡的架子让我感受到了空间的奢侈；我会认为有空间来摆放更多的新玩意儿。当然，你没必要为了空荡荡的美而把架子清空。

家里有一些不知该放在哪里的无用之物，我把它们放进了抽屉。出于某种原因，这些东西我暂时不想扔掉。虽然我想要整齐有序的家，但也想有地方能容纳下一点儿小凌乱。

我喜爱空荡荡的架子，也喜欢装着无用之物的抽屉。

在手机上建立外在的秩序

手机屏幕上乱七八糟的应用程序，看起来很碍眼。

手机屏幕第一页只保留最重要的应用程序，然后将其他应用程序挪到后面几页。定期删除不使用的应

用程序。

为了更节省空间，你可以使用文件夹。例如，把跟旅游相关的应用程序放进"旅游"文件夹后，手机屏幕上便多出了很多空间。

为了更好的视觉感受，你还可以根据颜色归纳应用程序，让屏幕看起来更舒服，或者根据功能来归纳，以提高使用效率。

调整手机的通知提醒和铃声。当我关掉手机铃声，减少通知时，手机便没有那么烦人了。

如果有人问我什么是奢侈，我想我的答案是：
屋内一年四季有鲜花。

——

梅·萨藤（May Sarton）

设置秘密区域

设置一个秘密区域，让你的家更有活力。这个地方只有家庭成员知道，它可以是一张有暗格的桌子、一个隐蔽的壁橱，或者一个上锁的箱子。

克里斯托弗·亚历山大在其著作《模式语言》（*A Pattern Language*）中问过："把东西伪装起来的需求、把东西藏起来的需求，以及让某些珍贵的东西先失去踪迹，然后再被找到的需求，在哪里可以被表达出来？"

清理杂乱的同时，你可能会发现某个地方可以成为你的秘密区域。不可思议的是，这个区域相当令人满意。

有时我们可以通过身体来帮助精神。

将爱铭记于心

这一点是所有建议中最重要的。

父母一直保留着你从幼儿园开始的作业,你因此而抓狂。丈夫不让你把他大学时期穿的那件破烂的 T 恤扔掉,你也快被逼疯了。请记住,所有这些无用的东西都是爱的表现。

保持内心的平静

建立外在的秩序是挑战，
维持外在的秩序也非易事。
然而，对我们大多数人来说，
这样的努力是值得的。

为什么建立外在的秩序有助于实现内心的平静？为什么内心的平静会让我们更幸福？

要回答这些问题，你需要想想生活幸福的要素：在成长的氛围中，感觉良好、不再感觉糟糕和感觉正确。

- 外在秩序能让我们感觉良好：我们有一种放松、舒畅、有序、精力充沛的感觉。

- 外在秩序能让我们不再感觉糟糕：我们从愤怒、内疚、沮丧、匆忙和对他人的怨恨中得到解脱。

- 外在秩序能让我们感觉正确：我们能够将注意力、时间、精力和金钱放在最重要的任务、人物、地方、活动和价值观上。

- 外部秩序能让我们创造出一种成长的氛围：我们改善了周围环境，让身处其中的人都从中受益，感受到成长和焕然一新。

建立外在秩序有助于实现内心自由，同时，保持内心自由也有助于建立外在秩序。当我们感到平静、精力充沛和专注时，我们就更容易保持周围环境的良好秩序。这是一个良性循环。

对我和许多人来说，回家把外套挂好，意味着去健身房时能拿起外套就走；写一封令人不快的邮件时，干净的桌面能让我少些东拉西扯。改变带来了改变。

对物品的掌控感会让我们觉得自己也能掌控命运。如果这是一种幻觉，那也是一种有益的幻觉，是一种更愉快的生活方式。

为什么建立外在秩序有助于实现内心平静，我认为还有一个更神秘的原因。

外在秩序与内在平静之间有着深切的联系。"我物即我"，这是真的；但"我物非我"，这也是真的。

我们将自己融入周围的事物中，像蜗牛造壳一样创造周围的环境。我们通过身外之物在这个世界留下印记。无论这个印记是宏伟的还是朴素的，无论这个印记是靠多少身外之物留下的，我们都想创造一个真正适合自己的环境。

我们拥有的物品就像我们的影子。如果所有物品都被摆放得整齐有序，而且都是我们需要的、使用的和喜爱的，我们就会更开心，因为这会影响我们看待自己的方式。

当外在秩序显现时，就抓紧时机去享受、去感受来自内心的平静、更宽广的空间和更多的成长。悉心体会，停下脚步，花点儿时间，感受幸福。

建立外在秩序的
十大建议

当然，每个人都可以从自己的角度出发给出不同的
建议。据我观察，以下这十大建议是最有用的：

1. 整理床铺；
2. "一分钟原则"——一切可以在一分钟内做
   完的事情要抓紧完成，不要拖延；
3. "高效一小时"——列出你要完成的任务，
   每周拿出一小时，完成它们；
4. 寓乐于做；

5. 不要让自己陷入"不足";

6. 不要把东西放下，请把它们放好;

7. 不要囤积，用多少、存多少，不要存储过量;

8. 保留体积小、数目少的纪念品;

9. 保持东西整齐有序，但也要记住过犹不及;

10. 如果总是找不到东西，就请做做清理。

致谢

　　一如既往，首先更感谢我出色的经纪人——克里斯蒂·弗莱彻。

　　感谢克里斯特尔·埃勒弗森，得益于他卓越的洞察力和辛勤的工作，我每天都能把自己的想法传达给世界。

　　感谢雅伊梅·约翰逊和乔迪·马切特的帮助。

　　感谢我出色的出版团队：克里斯蒂娜·福克斯利、迪亚娜·巴罗尼、萨拉·布莱沃格尔、阿龙·魏纳、达尼埃尔·德舍纳和玛丽萨拉·奎恩，特别感谢出色的编辑——玛丽·雷诺兹。

致谢

感谢我的读者、听众和观众。你们的真知灼见、细心观察和关于外在秩序与内在平静的问题，让我受益良多。

衷心感谢我深爱的家人和朋友，在我探求外在秩序的过程中，他们既是受益者，也是见证者。

最后，我要特别感谢我妹妹伊丽莎白，感谢她的宽厚，允许我清理她的杂物，并从中感受到了很多快乐。